Umschlag der Ausgabe des Österreichischen Agrarverlages:
Titelbild: Friedrich Strauß, Au in der Hallertau
Freisteller und Umschlagrückseite: Hans Reinhard, Heiligkreuzsteinach

Umschlag der Ausgabe des Eugen Ulmer Verlages:
Titelbild und unteres kleines Foto: Friedrich Strauß, Au in der Hallertau
Oberes kleines Foto: Hans Reinhard, Heiligkreuzsteinach

Alle Angaben in diesem Buch wurden gründlich geprüft und recherchiert. Für die Richtigkeit der Angaben wird dennoch keine Haftung übernommen.

Impressum

Die Deutsche Bibliothek - CIP-Einheitsaufnahme
Ein Titelsatz für diese Publikation ist bei Der Deutschen Bibliothek erhältlich.

Lektorat: Veronika Schubert, Österreichischer Agrarverlag
Korrektorat: Bettina Jakl-Dresel
Umschlaggestaltung: Atelier Reichert, Stuttgart
Grafische Gestaltung & Satz: Dominici Werbeagentur GmbH, Leopoldsdorf (Österreich)
Illustrationen: Elisabeth Fritsche
Printed in Germany
Druck und Bindung: aprinta GmbH, Wemding

ISBN (Österreich): 3-7040-1632-2
ISBN (Deutschland): 3-8001-3133-1

Miriam Wiegele

Duftpelargonien
Anbau, Pflege, Sorten

Verlag Eugen Ulmer
Österreichischer Agrarverlag

Inhaltsverzeichnis

Inhaltsverzeichnis

Zum Geleit

Auch wenn das Angebot von Pflanzen für die Blumenpracht im Fensterkasten sehr vielfältig geworden ist, zählen Pelargonien doch nach wie vor zu den Favoriten. Sie sind meist unter dem botanisch nicht korrekten Namen „Geranien“ bekannt. In ihrer von den Gärtnern angebotenen Farbenpracht sind sie uns selbstverständlich geworden.

Und doch ist es lohnend, sich mit der faszinierenden und vielfältigen Gattung Pelargonium näher zu beschäftigen. Allerdings muss an dieser Stelle auch eine Warnung ausgesprochen werden: Pelargonien zu sammeln kann zur Sucht werden. Bei der Autorin dieses Buches zum Beispiel begann diese Sucht vor Jahren, als zur Bereicherung des Kräutergartens Duftpelargonien gesucht wurden. Damals gestaltete sich die Suche nach solchen Pflanzen wie ein spannender Kriminalroman und führte zu weltweiter Korrespondenz, auf Grund derer ich Mitglied der internationalen „Spezies“ der „Pelargonien-Freunde“ wurde. Ihre Hilfsbereitschaft zeigte sich in spontanen Briefen voll Samen und Paketen mit Stecklingen, mit denen sie auf die schlichte Anfrage einer unbekannten Österreicherin, wo man denn Duft- oder andere Pelargonien erwerben könnte, antworteten. Daher muss hier ein Dank an all jene folgen, die durch ihre Freundschaft zur Entstehung dieses Buches beitrugen:
Piet Vorster, Botaniker in Stellenbosch (Südafrika); Rachel und Ron Ward von „Silverhill Seeds“;
Peter van Baaren, holländischer Gartenkünstler und

Pelargonienzüchter und unser leider verstorbener Freund Aloys Sweegers. Richard Hampshire mobilisierte auf meinen ersten Brief hin seine gesamte Society, was dazu führte, dass mir unzählige Menschen Stecklinge schickten.

Jan Taylor und Diana Hull, Pelargonienzüchterinnen ersten Ranges, halfen ebenso wie Richard Clifton und Maria Lis-Balchin, Biochemikerin an der Southbank University in London.
Ein Resultat dieser Freundschaften ist eine Sammlung an Pelargonien, die es nötig machte, ein eigenes Glashaus zu bauen. Soviel zur Warnung bezüglich Pelargoniensucht!

Heute ist es einfacher, ausgefallene Pelargonien zu erwerben, da es auch hierzulande zunehmend Gärtner gibt, die sie anbieten. Einer, der beispielhaft genannt werden muss, ist Dieter Stegmeier aus Essingen/BRD, der, ebenfalls von der „Pelargoniensucht" befallen, die größte Sammlung von botanischen Wildformen und anderen ausgefallenen Pelargonien anbietet. In seiner Liebe zu diesen Pflanzen war es ihm selbstverständlich, für dieses Buch Fotos aus seinem reichen Fundus zur Verfügung zu stellen. Ihm und seinem Fotografen Joachim Wellinger sei hiermit gedankt.

Meine österreichischen Pelargonienfreunde kann ich nur beispielhaft nennen: Eveline Bach, Michael Kosch, Fritz Kummert, Helmut Pelzmann, Traude Jakum und Willi Wöber sowie Margit Reicht trugen alle zum Gelingen dieses Buches bei.

Herkunft und

Geschichte der Pelargonien

Die wunderbare Vielfältigkeit der Geraniengewächse drückt sich in Form, Farbe und Blüte aus.

Ob als sparriger Strauch zwischen Steinen, als sukkulente, unscheinbare Pflanze zwischen Sand und Geröll, als stattliche, rosenduftende Pelargonienschönheit – alle finden sie Liebhaber rund um die Welt.

Die erste Pelargonie, die in Europa blühte, hatte karottenähnliches Laub und fast schwarze, duftende Blüten. 1632 fand dieses Ereignis im Garten von John Tradescant, dem Gärtner der englischen Königin, statt. Sie erhielt den Namen *Geranium Indicum Noctu Odoratum*, die nachtduftende indische Geranie. Heute heißt sie *Pelargonium triste*. Wie diese Pelargonie von Südafrika nach England kam, ist unklar. Die Pelargonien am Kap der Guten Hoffnung zogen bereits zum Zeitpunkt der Erforschung des Südens des afrikanischen Kontinents Aufmerksamkeit auf sich. Die Holländisch Indische Kompanie errichtete 1652 am Kap eine Niederlassung, die zur Trinkwasserversorgung ihrer Handelsschiffe auf dem Weg zu den Gewürzinseln dienen sollte. In der Folge siedelten sich dort Reisende an.

Ein solcher war auch Paul Herrmann, Professor der Botanik zu Leyden, der 1672 *Pelargonium cucullatum* an den Hängen des Tafelberges sammelte. Die Geschichte der Erforschung der Pelargonien Südafrikas wurde denn auch von ehrwürdigen Botanikern geschrieben. Linné führte die sogenannte binomische Nomenklatur ein, die den Namen der Gattung mit einem Beiwort (dem Namen der Art) ergänzt, z.B. *Pelargonium cucullatum*, die kapuzenförmige Pelargonie. Er beschrieb in seinem Werk „Species plantarum" im Jahre 1753 zwanzig Arten von Pelargonien, leider unter dem Namen *Geranium*, obwohl schon einige Jahre davor der Botaniker Dillenius darauf hingewiesen hatte, dass die Blüten der aus Afrika stammenden Geranien abweichend aussehen.

Aber erst L'Heritier, ein französischer Jurist und Botaniker, gab den Pelargonien endgültig ihren heutigen Namen. Sein unvollendetes Manuskript „Geraniologia" – er wurde heimtückisch ermordet – beschreibt 89 Pelargonien-Arten.

Robert Sweet, ein englischer Gärtner, unterschied als einer der ersten die 5 Gattungen

Die erste Pelargonie (Pelargonium triste), die in Europa blühte, hatte karottenähnliches Laub.

der Familie *Geraniaceae*: *Geranium, Pelargonium, Erodium, Monsonia* und *Sarcocaulon*. An der Gliederung der Gattung *Pelargonium* waren Botaniker wie Candolle oder Reinhard Knuth beteiligt. Seit einigen Jahren ist eine Botanikergruppe um Prof. van der Walt an der Universität Stellenbosch damit beschäftigt, endgültig Klarheit in die Gliederung der Pelargonien zu bringen und gleichzeitig eine entsprechende Nomenklatur zu entwickeln. Es ist nämlich üblich, dass nur jener Name gilt, der als erster von einem Botaniker veröffentlicht wurde. Das bedeutet genaues Studium der Literatur. Oftmals ist ein Name gebräuchlich geworden – z.B. *Pelargonium radula*, die raspelblättrige Pelargonie – doch dann stellt sich heraus, dass jemand, in unserem Fall L'Heritier, die gleiche Pflanze schon einige Jahre davor beschrieben hat (angeblich hat er sein gesamtes Werk um vier Jahre rückdatiert, um sich Prioritätsrechte zu sichern!) und sie als *Pelargonium radens*, die kratzende Pelargonie, bezeichnete. Dann ist dies die endgültige botanische Bezeichnung.

Die Aufarbeitung der Gattung *Pelargonium* ist noch nicht abgeschlossen. Ein Ergebnis dieser Arbeit sind drei Bände – „Pelargoniums of Southern Africa" – mit wunderschönen Zeichnungen, die jedem Pelargonienliebhaber zu empfehlen sind.

***Pelargonium cucullatum*, die kapuzenförmige Pelargonie**

Botanische Einführung

Die Familie der Geraniengewächse ist sehr umfangreich. Werden Sie sich der wichtigsten Unterschiede zwischen Geranien und Pelargonien bewusst und lassen Sie sich von der Vielfalt der botanischen Wildpelargonien-Arten überraschen und verführen.

Die erfolgreiche Haltung der Wildformen erfordert Feingefühl und Wissen.

Die Familie der Geraniengewächse

Die nach wie vor übliche, irrtümliche Bezeichnung „Geranien“ für Pelargonien, wie sie auch in England üblich ist, stammt aus der Zeit, als die Gattungen *Geranium* und *Pelargonium* noch nicht unterschieden wurden. Es ist also notwendig, botanische Aufklärung zu betreiben.

Die Familie der *Geraniaceae*, der Geraniengewächse, umfasst fünf Gattungen: *Geranium, Pelargonium, Erodium, Monsonia* und *Sarcocaulon.*

Das gemeinsame diagnostische Merkmal aller Mitglieder der fünf Gattungen ist die typisch zugespitzte Spaltfrucht, welche fünf Fächer mit je einem Samen hat.

Sie hat ein an Vogelschnäbel erinnerndes Aussehen, was zu den jeweils unterschiedlichen Bezeichnungen geführt hat, wobei bei der Übersetzung aus dem Griechischen einiges durcheinander geraten ist.

- ***geranos heißt Kranich***
- ***pelargos heißt Storch***
- ***erodios heißt Reiher***

Ob diese Unterschiede der schnabelähnlichen Früchte sich ornithologisch bestätigen lassen, müsste erst geklärt werden. Leider hat sich aber irgendwann der Name Storchschnabel für *Geranium* eingebürgert, obwohl diese Bezeichnung den Pelargonien zustehen würde.

Man spricht folgerichtig auch fälschlicherweise von den *Geraniaceae* als Storchschnabelgewächsen und kaum jemand würde wissen, welche Pflanzen man meint, wenn man die richtige Bezeichnung „Kranichschnabelgewächse“ verwendete. Da sich dies nun schon so eingebürgert hat, wäre es wenigstens wünschenswert, wenn endlich allgemein bekannt würde, dass mit „Balkongeranien“, „Duftgeranien“ und „Geraniumöl“ die Gattung *Pelargonium* gemeint ist.

Für botanisch Interessierte sei darauf hingewiesen, dass der Unterschied zwischen Pelargonien und Geranien primär am Blütenaufbau erkennbar ist.

Pelargonien haben Blüten mit fünf ungleich langen Blütenblättern. Die zwei oberen tragen Male und unterscheiden sich damit von den drei unteren. Sie sind in nur einer Symmetrieachse angeordnet, das heißt zygomorph (griech. jochteilig, paarig). Geranien haben dagegen immer gleich lange, rundliche Blütenblätter, die radiär (lat. strahlend)

Familie der Geraniaceae
(„Kranichschnabelgewächse“)
mit 5 Gattungen

Sarcocaulon	Monsonia	Pelargonium	Erodium	Geranium
ca. 14 Arten	*ca. 30 Arten in 14 Sektionen*	*ca. 250 Arten*	*ca. 60 Arten*	*ca. 260 Arten*

An abgeblühten Blüten kann man die Spaltfrucht gut erkennen.

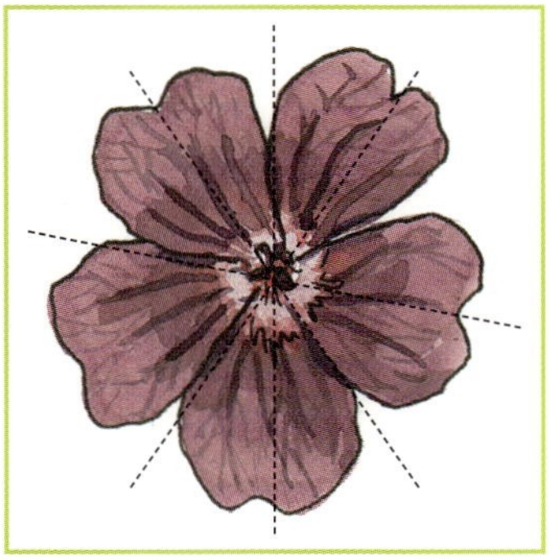

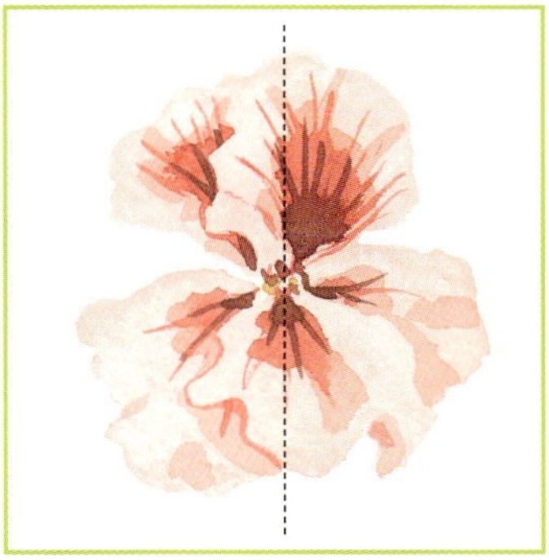

Blütenaufbau von Geranium (links: fünf Symmetrieachsen, zehn Staubgefäße) und Pelargonium (rechts: eine Symmetrieachse, sieben Staubgefäße)

mit mehreren Symmetrieachsen angeordnet sind. Auf den Kronblättern fast aller Pelargonienblüten erkennt man ein in dunklen Rottönen gefärbtes Strichmal. Es hebt sich meist deutlich vom hellen Untergrund des Kronblattes ab. Diese Saftmale haben die Funktion, auf die Blütenmitte mit ihrem Nektarvorrat hinzuweisen. Insekten benutzen sie als Wegweiser zum Nektar.

Die Gattung *Geranium* wächst in der Mehrzahl auf der nördlichen Halbkugel in gemäßigten Zonen. Nur wenige Arten kommen auch in Südafrika, im Bergland Südamerikas, Indien, China, Australien und auf den Kanarischen Inseln vor. Auch in Papua Neuguinea und auf der Arabischen Halbinsel wurden vor nicht allzu langer Zeit Geranien entdeckt.
Es gibt einjährige Arten, die meisten sind jedoch ausdauernd.

Die Storchschnäbel (richtigerweise Kranichschnäbel), die als winterharte Stauden unsere Gärten bereichern können, haben zunehmend an Bedeutung für die Gartengestaltung gewonnen. Sogar Problemflächen wie schattige Bereiche können sie noch mit

Farbe erfüllen. Die Geranien-Arten sind züchterisch bearbeitet und es gibt sie in vielen Sorten.

Zwischen Gehölzen und unter größeren Bäumen kann *G. nodosum*, der knotige Storchschnabel, ein Bodendecker mit lilarosa Blüten, den ganzen Sommer über wachsen. Für den sonnigen Gehölzrand empfiehlt sich *G. himalayense*, das sich durch Rhizome ausbreitet und im Frühsommer attraktive blaue Blüten mit roter Äderung liefert. *G. sanguineum*, der blutrote Storchschnabel, hat, wie schon sein Name sagt, vom Frühsommer bis weit in den Sommer hinein dunkelrote Blüten. Er eignet sich ganz besonders für Naturgärten. Schattige Gehölzränder kommen in Gärten häufig vor und lassen sich mit *G. endressii* aus den Westpyrenäen bereichern, das auch im Schatten ansehnliche rosa Blüten treibt. *G. sylvaticum*, der Waldstorchschnabel, blüht je nach Sorte von weiß bis zu den unterschiedlichsten Blautönen.

Flächen mit Steppencharakter, wie sie in Dachgärten, aber auch in trockenen Gartenbereichen vorkommen können, kann man mit *G. macrorrhizum*, einer wintergrünen Art vom Balkan, bepflanzen. Die Blüten sind nicht sehr groß, was aber der interessante, sehr intensive Duft der Blätter ausgleicht. Die „blaue Blume der

Auf den Kronblättern fast aller Pelargonienblüten erkennt man ein Strichmal.

Romantik“ bringen *G. pratense*-Arten, also die Wiesenstorchschnäbel und vor allem *G. x magnificum*, eine besonders großblütige Hybride, in Staudenbeete. Wer diese Geranien einmal blühen gesehen hat, möchte sie in seinem Garten nicht missen.

Die Gattung *Erodium*, die Reiherschnäbel, wachsen weltweit, besonders aber rund ums Mittelmeer. In ganz Europa wächst das „Unkraut“ *Erodium ciconium* (lat. ciconia = Storch), das heißt storchähnlicher Reiherschnabel!

Die Reiherschnäbel haben ebenfalls radiäre Blüten und viele von ihnen sind empfehlenswerte, reizende Pflanzen für den Garten. Die meisten eignen sich sehr gut für trockene und heiße Stellen, aber auch für Steingärten. *E. absinthoides*, der wermutblättrige Reiherschnabel, hat Blüten in violetter Farbe, wobei die Staubgefässe orange hervorleuchten.

E. pelargoniiflorum, also der pelargonienblühende Reiherschnabel, erinnert tatsächlich mit seinen Blüten an Duftpelargonien. Er wächst gerne an trockenen Hausmauern und ist begrenzt winterhart.

***Geranium x magnificum* wächst in üppiger Blütenfülle in unseren Gärten und ist winterhart.**

***Erodium manescavii* findet man vor allem im Mittelmeerraum. Es ist anspruchslos und wächst gerne an trockenen Hausmauern.**

Monsonia speciosa, eine Pflanze für das Glashaus, wächst in Südafrika.

An zusagenden Stellen samt er aus. Die Gattung *Monsonia* wurde zu Ehren einer Lady Monson benannt. Die meisten Arten wachsen in Südafrika, doch ihr Verbreitungsgebiet reicht bis Indien. Da sie nicht winterhart sind, ist ihre Kultur höchstens Liebhabern der gesamten Familie *Geraniaceae* mit Glashaus zu empfehlen.

Die Gattung *Sarcocaulon*, (griech. sarco = fleischig, caulon = Stängel), beschränkt sich in ihrem Vorkommen auf die trockenen Gebiete Südafrikas. Die sogenannten Buschmannskerzen können aber Liebhabern ausgefallener sukkulenter Pflanzen zur Kultur empfohlen werden.

Die Gattung Pelargonium

Weltweite Verbreitung

Die Heimat der Gattung *Pelargonium* ist vor allem Afrika, insbesondere Südafrika. Einige wenige Arten sind in Neuseeland und Australien zu

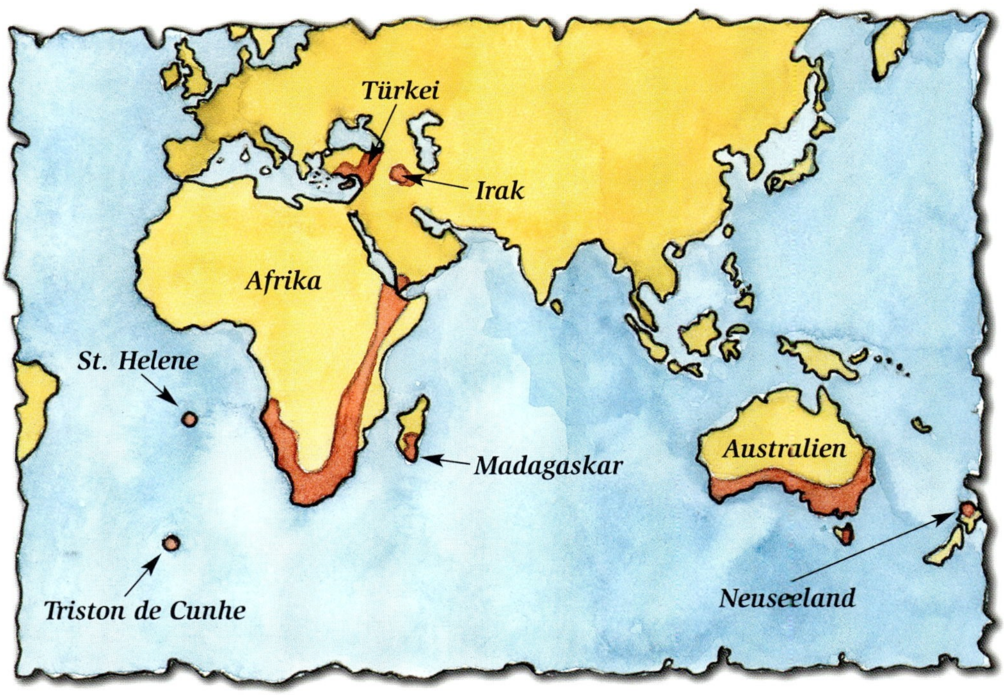

Verbreitung von Pelargonien in Afrika, im Vorderen Orient und Australien

Hause, wie *P. australe* oder *P. inodorum*, und eher unscheinbare, krautig wachsende Pflanzen. Zwei Arten wachsen in Vorderasien, *P. endlicherianum* in Anatolien und *P. quercetorum* im Irak und Iran. Im Alpinenhaus kann man die attraktiv blühenden Arten auch bei uns kultivieren.

Pelargonium endlicherianum wächst in Anatolien.

Auf Madagaskar wachsen zwei Arten, eine davon die wunderschön blühende *P. caylae*. Auf St. Helena, dem

Pelargonium quercetorum ist im Irak und Iran beheimatet.

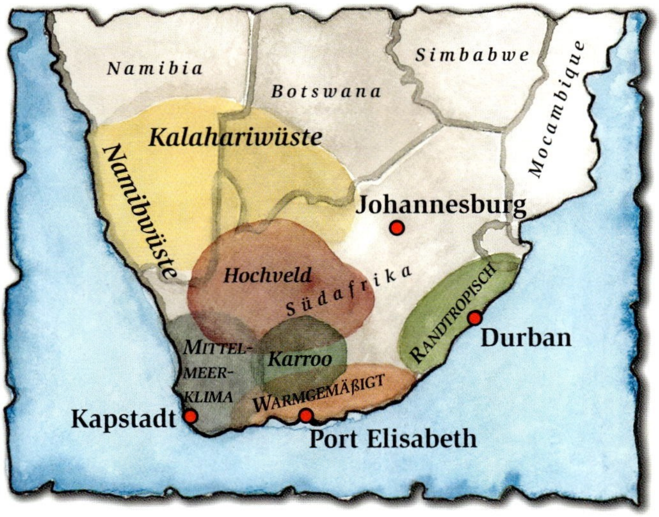

Im südlichen Afrika wachsen rund 200 Pelargonium-Arten.

Verbannungsort Napoleons, ist *P. cotyledonis* endemisch, das heißt, diese Art kommt ausschließlich an jenem Ort vor. Im Osten von Afrika wachsen Pelargonien bis nach Äthiopien, darunter die attraktive Art *P. boranense*.

Heimat der Pelargonien

Im südlichen Afrika, das viele klimatisch sehr unterschiedliche Regionen aufweist, wachsen rund 200 *Pelargonium*-Arten.

Die Küstengebiete um Kapstadt weisen ein fast mediterranes Klima mit Winterregen von Mai bis Oktober auf. Wenn man Wildpelargonien kultivieren will, muss man unbedingt beachten, dass es auf der Südhalbkugel Winter ist, wenn hierzulande die Sommersonne lacht.

Die Karroo ist ein semiarides Becken mit Dornsavanne. Das Hochveld ist das Zentrum Südafrikas, ein bis zu 1500 m hohes Binnenland, grasbewachsen mit Sommerregen von Oktober bis April, und im Nordwesten bis nach Namibia finden wir Wüsten wie die Namibwüste oder die Kalahari.

Solchen Bedingungen haben sich die Wildpelargonien sehr gut angepasst: In den wüstenähnlichen Gebieten finden sich xerophytische und sukkulente Arten. Xerophyten sind z.B. Pelargonien wie *P. cortusifolium*, die dicke, kurze Stämme entwickeln, aus denen nur in den feuchten Wintermonaten einige Blätter treiben und blühen. Im Sommer wirken die blattlosen Stängel fast stachelig. Sukkulente Arten wie *P. carnosum* entwickeln fleischige Speicherorgane in Stängeln oder Blättern. Nur wenn sie blühen, ahnt man, dass es sich um Pelargonien handelt. Geophyten nennt man Pflanzen, die feuchtigkeitsspeichernde Wurzelknollen entwickeln. Während der Trockenheit sterben sie oberirdisch ab und beginnen erst nach Regenfällen wieder zu treiben und zu blühen.

Die Pelargonien, die man in den gemäßigten Klimazonen rund um Kapstadt findet, wo ihnen das ganze Jahr genug Feuchtigkeit zur Verfügung steht, wachsen oft strauchartig. Viele von ihnen tragen das ganze Jahr duftende Blätter.

► ***Typisch für eine Wildpelargonie mit feststacheligen Stängeln: Pelargonium praemorsum***

Die Vielfalt der Wildpelargonien

Die unterschiedlichen Wuchs-, Blatt- und Blütenformen der Pelargonien sind wirklich erstaunlich. Schwerpunkt des vorliegenden Buches sind die Duftpelargonien, daher können nur einige Wildarten, deren Kultur besonders interessant erscheint, exemplarisch aufgelistet werden. Wer sich näher damit beschäftigen will, sei auf die Buchtipps verwiesen.

Botaniker wollen natürlich immer eine systematische Ordnung in eine Art (Spezies) bringen und haben daher auch die etwa 250 Pelargonien-Arten entsprechend übereinstimmender wichtiger Merkmale gegliedert.

Eine erste Ordnung der Gattung Pelargonien erfolgte durch den Botaniker Harvey 1860 in 15 „Sektionen". Später kamen einige dazu. Heute neigt man eher dazu, sie wieder zusammenzufassen. Ein weiterer in diesem Zusammenhang nennenswerter Botaniker an der Universität Stellenbosch ist Prof. Piet Vorster, der auch bislang unbekannte Pelargonienarten entdeckt hat.

P. triste

Sektion Campylia:
niedrig wachsende Sträucher, die in sandigen Dünen der Südküste wachsen.

P. elegans (elegans = lat. hübsch, zierlich): ein kleiner buschiger Halbstrauch bis 25 cm, der Ausläufer treibt. Die Blätter sind rundlich wie Birkenblätter und wenn sie blühen, treiben sie 3 Blütenstandstiele, jeder aus 2–4 Blüten bestehend. Die Farbe der großen, entzückenden Blüten ist dunkelrosa mit dunkelpurpurfarbenen Saftmalen. Sie blühen von September bis Jänner. Diese Pelargonie lässt sich aus Samen vermehren, Stecklinge bewurzeln sehr schwer.

P. tricolor (tricolor = lat. dreifarbig): hat einen ähnlichen Habitus, max. 30 cm hoch, allerdings lanzettliche, gezähnte, graugrüne Blätter. Die Blüten sind besonders reizend und erinnern entfernt an Stiefmütterchen, die von September bis Dezember blühen.

Beide Arten müssen in unserem Winter regelmäßig und im Sommer etwas sparsamer gegossen werden.

Sektion Ciconium:
Halbsträucher oder Sträucher mit fleischigen Stängeln, die ihnen helfen, auch in eher trockener Umgebung zu überleben.

P. inquinans (Scharlachpelargonie): Sie ist eine der Stammeltern unserer Zonale-Hybriden, denen sie vor allem die scharlachrote Farbe ihrer Blüten und die kreisrunde Form der Blätter und deren typischen Duft weitergegeben hat. Die Kultur ist so einfach wie die aller Zonale-Pelargonien. Manche Leute empfinden den Duft der Zonale-Hybriden als unangenehm und man findet sogar die Behauptung, dass sie giftig seien. *P. inquinans* wird in Südafrika als Mittel gegen Erkältungen und Kopfschmerzen verwendet.

P. scandens (scandens = lat. kletternd): Diese Art ist besonders attraktiv für helle Wintergärten, da sie sehr lange Triebe entwickeln kann, die, wenn man sie anbindet, den Eindruck erwecken, als ob die Pflanze klettern würde.

Die Blätter sind dunkelgrün, rund bis oval und fleischig. Die fast das ganze Jahr überreich erscheinenden Blüten sind einfach, aber intensiv dunkelrosa. Die Kultur ist simpel: das ganze Jahr regelmäßig gießen und von Zeit zu Zeit düngen.

Sektion Hoarea:
umfasst Geophyten, das heißt Pflanzen, deren rübenartige Wurzelknollen besonders gut Feuchtigkeit speichern können. Sie wachsen stängellos und ziehen im Herbst ein.

P. appendiculatum (bezieht sich auf die Nebenblätter am Grunde der Blattstiele): Sie ist eine äußerst interessante Pelargonie mit aromatischen, behaarten Blättern, die an Karottenlaub erinnern, schmalen, langen, blassgelben Blütenblättern und roten Malen auf den oberen Blütenblättern. Sie blüht von März bis August. Für Liebhaber des Besonderen kann diese Pflanze empfohlen werden. In unserem Winter zieht sie

P. carnosum

Pelargonium tricolor

meist ein. Darf im Winter nicht und im Sommer nur sehr vorsichtig gegossen werden.

Sektion Ligularia:
Spezies mit fleischigen, sukkulenten Stängeln, die an der Basis verholzt sind.

P. barklyi (nach Barkly, einem Gouverneur in Südafrika): wieder eine Pflanze, die kaum an Pelargonien denken lässt! Die Blätter sind herzförmig, rau behaart und dunkelgrün mit purpurfarbener Unterseite. Der Blütenstand hat wenige blassgelbe Blüten, die von März bis Mai erscheinen. Kultur wie bei *P. appendiculatum*.

Sektion Cortusina:
umfasst Pflanzen mit dicken, kurzen Stängeln, die ihnen helfen, trockene Phasen gut zu überstehen.

P. reniforme (reniforme = lat. nierenförmig): ein niederlie-

Pelargonium appendiculatum

gender Kleinstrauch mit knolligen Wurzeln. Die nierenförmigen Blätter sind von samtiger Beschaffenheit und grün, die Blüten sehr klein und rosa bis magentarot. Die Art eignet sich gut zur Bepflanzung von Ampeln.

Sektion Jenkinsonia:
Spezies mit Halbsträuchern, die fleischige oder holzige Stängel und handförmig gelappte Blätter haben. Meist haben sie zwei deutlich größere obere Blütenblätter.

P. tetragonum (tetragonum = lat. vierkantig): eine sehr ungewöhnlich aussehende Pelargonie mit sukkulenten Stängeln, die bis 2 m lang werden können. In Topfkultur, die übrigens sehr einfach ist – nie zuviel gießen! – ist es günstig, die Art in Ampeln zu kultivieren, da dann die langen Stängel hängen können und nicht so leicht brechen. Die Blüten sind sehr reizvoll und lassen ahnen, dass es sich um Pelargonien handelt. Das würde man nämlich nie vermuten, wenn die Pflanzen etwas trockener stehen und kaum Blätter entwickeln.

Sektion Otidia:
Spezies mit dicken, fleischi-

Pelargonium scandens

Pelargonium barklyi

gen Stämmchen und sukkulenten Blätte

P. carnosum (carnosum = lat. fleischig): Sammlern sukkulenter Pflanzen und Pelargonienliebhabern anzuraten. Sie ist, wenn man sie ganzjährig sparsam gießt, äußerst einfach zu halten und sehr blühwillig. Die gelben Blüten haben rötliche Linien und sind winzig. Sie erscheinen von Jänner bis März.

Sektion Polyactium:
Spezies mit sternartig vielblütigen nachts duftenden Blütenständen und unterirdischen Knollen.

P. schizopetalum (schizopetalum = griech. schlitzblättrig): Die Grundblätter, die aus der Wurzelknolle entspringen, sind groß, gelappt und etwas fleischig. Ein faszinierendes Merkmal dieser Pflanze sind die Blüten, die fransige Kronblätter haben. Die Farbe wechselt von blassgelb bis braunpurpur. Sie erscheinen von Oktober bis Februar. Die Pflanze muss vorsichtig gegossen werden.

P. triste (triste = lat. traurig, bezieht sich auf die dunkle Blütenfarbe): Die Grundblätter ähneln denen der Karotte, sind aber fein behaart. Der Blütenstand ist typisch sternartig, die Kronblätter sind bräunlich purpurn mit gelbem Rand. Die Pflanzen blühen von August bis Februar und duften nachts. Vorsichtig gießen.

Sektion Pelargonium:
umfasst oft strauchartig wachsende Pflanzen. Aus dieser Sektion stammen die meisten Duftpelargonien.

P. cucullatum (lat. kapuzenförmig): eine der höchsten und schönsten Strauch-Pelargonien. Wenn man sie als Kübelpflanze hält, kann sie bis 2 m hoch wachsen. Die Blätter sind kappenförmig, eben wie eine Kapuze. Die Blüten sind wunderschön, relativ groß, rosapurpur bis dunkelpurpurfarben, und erscheinen besonders reichlich im afrikanischen Frühjahr (also in unserem Frühherbst). Wenn die Pflanzen in einem Wintergarten überwintert werden, blühen sie das ganze Jahr hindurch. *P. cucullatum* ist eine der bedeutendsten Stammformen der Edelpelargonien.

Pelargonium tetragonum

Die Kultur

Will man Wildformen der Pelargonien kultivieren, so beginnt die Schwierigkeit beim Beschaffen von Saatgut, Stecklingen oder Pflanzen und endet dort, wo man die jeweils sehr unterschiedlichen Bedingungen nicht optimal erfüllen kann. Bezugsquellen, sowohl für Samen als auch für Pflanzen sowie Adressen von Vereinen, über die auch Saatgut erworben werden kann, sind im Anhang zu finden.

Der nächste Schritt zu einer erfolgreichen Kultur ist das Beschaffen der notwendigen Informationen, z.B. welche Bedingungen die Pflanzen am Wildstandort haben (Winterregengebiete, wüstenähnliche Verhältnisse, etc.).

Pelargoniensamen enden in einer schraubig gedrehten „Granne" mit langen Haaren, um vom Wind über weitere Strecken vertragen werden zu können.

Auf dem Boden gelandet, bohren sie sich durch diese spiralig gedrehte Granne regelrecht in den Boden, indem sich die Granne aufdreht. Beim Anbau ist es daher sinnvoll, die Samen auf das Substrat nur aufzustreuen und sie durch Befeuchten mit einer Blumenspritze zum Aufdrehen und damit auch zum Einbohren in das Substrat zu bringen.

Das Substrat muss in jedem Fall durchlässig sein, damit Staunässe vermieden wird. Es sollte einen Anteil Sand, Tongranulat und Holzkohlestückchen enthalten. Der pH-Wert sollte bei Pelargonien immer in einem neutralen oder höchstens schwach sauren Bereich liegen.

Im Botanischen Garten der Universität Stellenbosch wachsen die Pelargonien, die dort zur Nachzucht von Samen kultiviert werden, in einer Mischung aus 1 Teil Lehm, 2 Teilen Sand und 2 Teilen Kompost.

Wenn die Samen sich in das Substrat hineingedreht haben, bedeckt man die Töpfe mit einer dünnen Sandschicht und hält sie regelmäßig feucht, ebenfalls wieder nur mit einer Blumenspritze. Sobald die Sämlinge die ersten richtigen Blätter entwickelt haben, einzeln in Töpfe setzen.
Stecklinge von Wildpelargo-

Samen von Pelargonium

Samen von Geranium

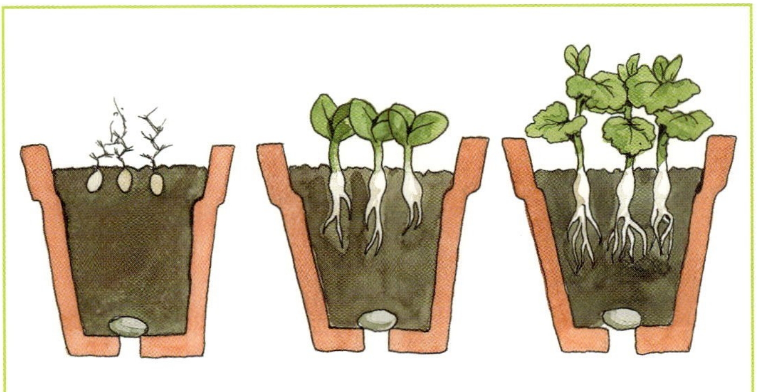

Anbau aus Samen: 1. Samen auf das Substrat legen. 2. Die Keimblätter erscheinen. 3. Die Sämlinge können vereinzelt werden.

Pelargonium schizopetalum

Pelargonium carnosum, subspez. strigifolium

nien bekommt man üblicherweise nur von anderen Sammlern. Bei vielen Arten ist es äußerst schwierig, die Stecklinge zu bewurzeln. Es ist daher zu empfehlen, von spezialisierten Gärtnern Pflänzchen zu kaufen.

Zur Kultur ist zu sagen, dass das Substrat, in dem die Pflanzen wachsen sollen, je nach Art sandig und sehr durchlässig (Geophyten, sukkulente Arten) oder auch lehmhaltig (strauchartige Arten) sein sollte.

Beim Gießen ist zu beachten, dass strauchartige Pelargonien das ganze Jahr hindurch entsprechend gewässert werden müssen. Geophyten, vor allem solche, die einziehen, dürfen während der Ruhezeit überhaupt nicht gegossen werden. Düngung ist, außer bei den strauchigen Arten, nicht notwendig. Gemeinsam ist allen Wildpelargonien, dass sie viel Licht und, da sie nicht winterhart sind, ausreichend temperierte Plätze (Temperaturen nicht unter 10 °C) brauchen.

► *Pelargonium cucullatum*

Kulturpelargonien

Ein berauschendes Kapitel der Familie der Pelargonien! Es beschreibt die großblühenden, englischen Pelargonien ebenso wie die aufrecht wachsenden „Zonale“-Arten und die Hängepelargonien für Fensterkistchen an Hausfassaden.

Das Vertrautmachen mit den vielen, züchterisch in langjähriger Arbeit umgewandelten Kultursorten macht Freude.

Bald nach der Verbreitung der ersten Pelargonien im 17. Jh. begannen Gärtner und Liebhaber, sie züchterisch zu bearbeiten. Diese ersten Hybriden, die sich großer Beliebtheit erfreuten, waren Sorten, die man als Vorläufer unserer heutigen Edelpelargonien bezeichnen kann.

Bei der Züchtung dieser Pelargonien hat auch Österreich einen großen Beitrag geleistet. In dem Band „Species Check List – Pelargonium“, einer akribischen Auflistung von Pelargonien-Arten von Richard Clifton, finden sich jede Menge Primärhybriden, „raised by Mr. Klier from Hütteldorf“ oder „Mr. Mark, Jeschek, Schiffmacher“ und anderen, alle „from Vienna“.

Natürlich benannten die Herren, die meist kaiserliche Beamte waren, ihre neuen Pelargonien nach dem Habsburger Kaiserhaus: *P. x ludovicianum* ist „mit tiefster Ehrfurcht ... dem durchlauchtigsten kaiserlichen Prinzen Ludwig, ‚Erzherzog von Österreich‘“, gewidmet.

Zum Glück waren die Habsburger so zahlreich, dass 96 verschiedene Sorten, die von Leopold Trattinick 1825 in einem Buch beschrieben wurden, nach ihnen benannt werden konnten.

Pelargonium 'Cezanne'

Pelargonium grandiflorum-Hybriden

Sie sind auch unter dem Namen „Englische Pelargonien“ oder „Edelpelargonien“ bekannt. Edel sind sie wirklich, mit ihren Azaleen ähnlichen Blüten. Stammeltern der Hybriden sind *P. cucullatum, grandiflorum* und *angulosum*. Sie sind die großblumigsten Pelargonien, die aber als Kurztagspflanzen blühfaul werden, wenn der Langtag beginnt.

Züchterische Bearbeitung und gärtnerische Tricks verlängerten die Blühzeit bis in den Sommer hinein. Sie eignen sich besonders gut als Zimmerpflanzen.

P. x g. 'Göttweig', 'Mikado', 'Muttertag' oder 'Jasmin' sind empfehlenswerte Sorten, entstanden aus der Hand des Wiener Züchters Vavra. Sie sind nicht so anfällig gegen Weiße Fliege und Chlorosen, wie dies bei den Englischen Pelargonien leider oft zu bemerken ist.

Klassische Arten der Englischen Pelargonien sind: 'Aztec': weiße Blüten mit malvenfarbenen Saftmalen. 'Black Night': große, dunkel-

Pelargonium 'Lord Bute'

Pelargonium 'Sancho Pansa'

Pelargonium 'New Life'

schwarzrote Blüte.
'Cezanne': untere Blütenblätter weiß mit purpurfarbenen Saftmalen, die oberen Blütenblätter dunkelpurpur.
'Rembrandt': schwarz-purpur mit lavendelfarbenen Rändern.
'Lord Bute': etwas kleinere, aber sehr eindrucksvolle dunkelpurpurfarbene Blüten mit hellerem Rand.

Angel-Hybriden:
Ob sie nun so heißen, weil sie von *P. angulosum* stammen sollen (was nicht stimmt, da ihre Blätter *P. crispum*-Merkmale aufweisen), oder weil die ersten Züchtungen „Angeline" benannt wurden, sie sind sozusagen die kleinblütigen Ausgaben der Edelpelargonien, oft mit aromatischen Blättern. Sie blühen in Farben von purpurlila bis weiß und eignen sich ausgezeichnet für die Zimmerkultur.

Klassische Arten sind:
'Betty Huelsmann': weiße Blütenblätter mit rötlicher Zeichnung.
'Captain Starlight': obere Blütenblätter purpur, untere malvenfärbig.
'Sancho Pansa': purpurne Blüte, an den Rändern blasser.

Zonale-Hybriden

Sie sind die am häufigsten verkauften und bekanntesten Pelargonien. Diese aufrecht wachsenden Pelargonien zieren mit ihren bunten Farben die Fensterkästen. Sie sind züchterisch intensiv bearbeitet. Mit besonderen Labortechniken gelang es, Pflanzen zu schaffen, die nahezu frei von Pilzen, Viren und Bakterien als Mutterpflanzen für die „Massenproduktion" zur

Verfügung stehen. Ein Name sei auch hier beispielhaft genannt: Wilhelm Elsner in Dresden widmete sein ganzes Leben der Pelargonienzüchtung. Sein Lebenswerk wird weitergeführt und die Sorten, die das Zuchtresultat dieser Firma sind, werden PAC-Pelargonien genannt. Die Pflanzen der Firma Fischer in Hillscheid/BRD werden unter dem eingetragenen Namen *pelfi*-Pelargonien verkauft.

Pelargonium 'Mr. Wren'

Leider blieb die Vielfalt der Zonale-Hybriden durch die Massenproduktion auf der Strecke. Nur mehr wenige Sorten werden Jahr für Jahr angeboten. In England dagegen und auch bei einigen Gärtnern in Deutschland findet man eine unwahrscheinliche Vielfalt an Blüten- und Blattformen unter den Zonale-Hybriden.

Ihre erste Einteilung erfolgt auf Grund der Blütenformen in einfach- oder doppeltblühende Sorten. Von den **einfach blühenden Zonale-Hybriden** sollen drei erwähnt werden:

'New Life': rot-weiß längsgestreifte Blütenblätter.
'Mr. Wren': rot-weiß gerandete Blütenblätter.

Die Vielfalt der Blütenformen der Zonale-Hybriden ist groß.

'Botham's Surprise': gelbliche Blütenblätter, obwohl es rein genetisch unmöglich schien, die Farbe Gelb in die Zonale-Gruppe zu bringen.

Gefüllt blühende Sorten werden mannigfach angeboten. Nur anekdotisch erwähnt sei hier, dass in englischen Pelargonienkatalogen nach wie vor einige „Burgenländerinnen" (auch die Herkunft der Autorin) zu finden sind. Sie wurden von dem burgenländischen Gärtner Polatschek 1960 gezüchtet und erfreuen sich in England wegen ihrer Regenfestigkeit nach wie vor großer Beliebtheit:

'Countess Marizza': war natürlich ursprünglich eine Gräfin Marizza und hat große, lachsrosa Blüten.
'Burgenlandgirl': Das arme Mädel aus dem Burgenland in England hat altrosa gefüllte Blüten.

Bird's Egg Pelargonien: So nennt man in England eine Gruppe von Zonale-Pelargonien, bei denen von den Saftmalen nur mehr Sprenkel übergeblieben sind, was aber sehr interessante Blütenzeichnungen ergibt. Der Name kommt von „eggshell", Eierschale. Vertreter sind:

Pelargonium 'Botham's Surprise'

Pelargonium 'Bildeston'

Pelargonium 'Spitfire'

Pelargonium 'Vancouver Centennial'

Pelargonium 'Startel White'

Pelargonium 'Els'

Pelargonium 'Patricia Andrea'

Pelargonium 'Wedding Royale'

Pelargonium 'Birddancer'

'Magda': rosa Blüten mit rosa Flecken.
'Bildeston': rosa Blüten mit roten Streifen.

Kaktusblütige Pelargonien haben zugespitzte, eingerollte Blütenblätter:

'Noel': gefüllte weiße Blüten, sehr attraktiv.
'Spitfire': rote Kaktusblüte und buntlaubiges Blatt.

Rosenblütige Pelargonien haben in jeder Knospe eine solche Fülle von Blütenblättern, dass sie Rosenknospen ähneln. Sie sind richtig altmodische, romantische Pelargonien:

'Appleblossom Rosebud': aus viktorianischen Zeiten, weiße Blüten mit rosa Rändern.
'Wedding Royale': rosa Blüten und goldenes Laub.

Fingerpelargonien (oder Formosum-Hybriden): Den Namen 'Formosum' bekamen sie, als ein amerikanischer Tourist in einem mexikanischen Hotel ganz eigenartig geformte Pelargonien entdeckte, von denen man vermutete, dass sie über Ostasien, sprich Formosa, nach Amerika gekommen seien.

Pelargonium 'Diana Palmer'

Treffender ist die Bezeichnung 'Five-Fingered', also Fingerpelargonien, da die Blätter tief eingeschnitten sind und manchmal tatsächlich an eine Hand erinnern:

'Els': fingerförmige Blätter, orange Blüten.
'Red Witch': gefüllte, korallenrote Blüten.

Stellar-Pelargonien haben sternförmige Blüten, deren untere Blütenblätter breit und gezackt, die oberen schmaler und gegabelt sind. Auch die Blätter sind meist sternförmig und oft gezahnt:

'Birddancer': kleinwüchsig, rosa Blüten und dunkles Laub.
'Vancouver Centennial': orange Blüten und bronzegoldenes Laub.
'Startel White': wunderschöne, weiße Sternblüten.

Nelkenblütige Pelargonien haben nelkenartig gezahnte Blüten:

'Diana Palmer': orangerosa Blüten.
'Madame Thibaut': kleine nelkenblütig gezahnte, weißrosa gerandete Blüten.

Pelargonium 'Encore', mit dreifärbigen Blättern

Pelargonium 'Marechal Mac Mahon'

Pelargonium 'Frank Headley'

Tulpenblütige Pelargonien haben Blüttenblätter, die sich nie ganz öffnen und Tulpen gleichen:

'Patricia Andrea': dunkelkorallenrosa Blüten.
'Pink Pandora': dunkelrosa Blüten.

Buntlaubige Pelargonien liefern eine wundervolle Farbenpracht, die eigentlich auf fehlerhafter Blattgrünbildung, sprich einem Chlorophylldefekt, beruht. Dennoch ist die Farbigkeit der Blätter dieser Pelargonien von faszinierender Schönheit, vor allem dann, wenn sie nicht blühen.

Die buntblättrigen Sorten, die auch als Schmuckblattpelargonien bezeichnet werden, gibt es in vielen Farbkombinationen:

Zweifarbige mit weiß-grüner Blattzeichnung:
'Caroline Schmidt', syn. 'Wilhelm Langguth': silber gerandete Blätter und rote Blüten.
'Frank Headley': elfenbeinfarben gerandete Blätter, eher niedrig wachsend und sehr reich blühend.

Dreifarbige mit weiß-grün-dunkelbrauner Blattzeichnung:
'Lass O'Gowrie: mit kirschroten, einfachen Blüten.

Goldfarbige Blattzeichnung:
'Golden Crest': einfache orangerote Blüten.
'Marechal Mac Mahon': syn. 'The Czar': gelbe Blätter mit dunkelbraunem Ring, einfache rote Blüten.

Goldfarbig mit grün:
'Crystal Palace Gem': einfache rote Blüten.

Dreifarbige mit grün-gelb-brauner Zeichnung:
'Contrast': hellrote einfache Blüten.
'Mrs. Pollock': orange Blüten und golden-dreifärbige Blätter.

Pelargonium 'Sinbar', mit weiß-grüner Blattzeichnung

Und eine Besonderheit: 'Distinction' (wird auch 'One-in-a-ring' genannt): hat wirklich einen dunkelbraunen Ring am Rand des Blattes und einfache rote Blüten.

Miniatur-Pelargonien:
Um diese Vielfalt abzurunden, gibt es von all den Zonale Sorten auch noch zwergwüchsige Ausgaben, die sich für die Kultur auf der Fensterbank besonders gut eignen: 'Golden Chalice': rosa Blüten und goldgerandete Blätter. 'Friesdorf': etwas höher, einfache, rote Blüten und dunkelgezahntes Laub.

Peltaten-Hybriden

Auch unter dem Namen Efeupelargonien bekannt. Sie leiten sich von *P. peltatum* (Schildpelargonie) ab. Peltaten-Hybriden sind jene Pelargonien, die im ländlichen Raum die Balkone mit kaskadenartig herabhängenden Pflanzen zieren. Die Sortenvielfalt in dieser Gruppe ist geringer als die der Zonale-Hybriden.

Pelargonium 'Sugar Baby'

Besonders langtriebig ist eine sehr alte Sortengruppe: die kleinblumigen, einfach blühenden 'Ville de Paris'-Sorten. Daneben gibt es heute auch ein großes Angebot an gefüllt blühenden Sorten. Interessant sind Sorten mit panaschierten Blättern. Die älteste von diesen ist 'L'Elegante' mit weißer Blüte und weiß gerandeten Blättern. Bei Trockenheit werden diese weißen Ränder ganz rosa.

Der Australier Ted Both nützte den Schaden, den ein Virus an den Blättern seiner Peltaten verursachte, indem er daraus eine eigene Sorte entwickelte. Die Crocodile-Pelargonien haben gelb geaderte Blätter, die an ein Mosaik erinnern:
'Crocodile': magentafarbene Blüten und cremefarbene Blattnerven.
'Crocketta': weiß-rot geränderte Blüten und gelbnervige Blätter.

Außerdem gibt es noch sogenannte **Miniatur-Peltaten**, die besonders kleine Blätter haben:
'Sugar Baby': sehr kleine Blätter und winzige, gefüllte, zartlila Blüten.
'Flakey': eine Mini-Peltate mit panaschierten Blättern.

Pelargonium 'Crocodile'

Pelargonium 'Golden Crest'

Pelargonium 'Contrast'

Pelargonium 'Distinction'

Pelargonium 'Caroline Schmidt'

Duftpelargonien

Die Wildarten der Pelargonien in Südafrika haben oft duftende Blätter und lassen so die Kultur dieser Formen zu einem besonderen Genuss werden. Die leiseste Berührung setzt Düfte von Apfel bis Zitrone frei.

Im Sommer, wenn wir diese Pelargonien in unsere Gärten oder auf den Balkon bringen, tränken sie die Luft mit ihrem Duft.

Die Pelargonien der Sektion *Pelargonium*, aber auch die anderer Sektionen, bilden häufig Blätter mit speziellen Duftbehältern aus, in denen sich ätherische Öle befinden. Warum nur manche Pflanzen Düfte entwickeln und andere nicht, ist Pflanzenphysiologen noch immer ein Rätsel. Ein Grund wird darin vermutet, dass die Pflanzen sich damit gegen Schädlinge und Krankheiten wehren, da ätherische Öle oft fungizid, also pilzhemmend, und antiparasitär, also gegen Schädlingsbefall (Läuse), wirken können. Die Häufung duftender Kräuter im mediterranen Bereich könnte allerdings damit zu tun haben, dass ätherische Öle auch einen Schutz für die Pflanzen gegen starke Sonneneinstrahlung darstellen, vor allem dort, wo es zu jahreszeitlichen Temperaturschwankungen kommt. So könnte man auch erklären, dass Pelargonien mit duftenden Blättern hauptsächlich im Kapland mit seinem dem mediterranen ähnlichen Klima wachsen.

Was versteht man unter Duftpelargonien?

- Botanische Wildformen, wie *P. graveolens*, *P. odoratissimum*, etc.
- Sogenannte Primärhybriden, die teils am Wildstandort entstanden sind, jedoch auch im Gewächshaus entstehen können, z.B. *P. x asperum*, *P. x blandfordianum*.
- Duftpelargonien mit Sortennamen, die entweder Ergebnisse von spontaner Kreuzung oder Züchtungsergebnisse sind.
- Uniques, d.h. eine Gruppe von Pelargonien, die sehr buschig und hoch wachsen und große, tief gebuchtete Blätter haben, die meist duften. Sie sind über 150 Jahre alte Kulturformen, die vermutlich von Wildformen wie *P. fulgidum*, *P. cucullatum* und *P. betulinum* abstammen.
- Die kleinblütigen Angel-Pelargonien wurden bei den Kulturformen beschrieben. Da einer ihrer Stammeltern das zitronenduftende *P. crispum* ist, werden die Formen aufgelistet, die duftende Blätter haben.

Unique Pelargonie 'Scarlet Pet'

Tipps für Sammler

Duftpelargonien zu kaufen und zu sammeln, kann manchmal zum Problem werden. In den Katalogen sind die Pflanzen nach ihrem Namen aufgelistet. Wenn man dann die gewünschte Sorte erhält, gibt es oft Enttäuschungen, weil man diese

Pelargonie schon unter einem anderen Namen gekauft hat. Eine Ursache für die Namensverwirrung wurde bereits erwähnt. Es gibt sogenannte „Synonyme" – nicht mehr gültige botanische Namen.

Gärtner sind sicher bemüht, können aber nicht immer am neuesten Stand der botanischen Systematik sein, daher wird manchmal noch immer die botanisch gleiche Art z.B. einmal als *P. radens* und dann als *P. radula* angeboten.

Bei den Sortennamen herrscht ähnliche Verwirrung. Zum Teil ist dies darauf zurückzuführen, dass es im englischsprachigen Raum, aus dem die meisten Züchtungen stammen, zwar strenge Regeln für die Benennung neuer Sorten gibt, sich aber nicht alle daran halten.

Ein weiteres Problem für den Sammler ergibt sich schlicht und einfach daraus, dass je nach Kulturbedingung (reichliches Düngen, starkes Gießen) dieselbe Art so unterschiedliche Formen und Blätter entwickeln kann, dass man glaubt, es müsse sich um eine unbekannte Art handeln.

Einteilung der Duftpelargonien

Es gäbe die Möglichkeit, sie nach typischen Stammformen einzuteilen, z.B. *P. graveolens*-Hybriden. Nicht alle Duftpelargonien sind aber nach diesen Kriterien einzuordnen. Eine andere Möglichkeit wäre, sie nach Düften zusammenzufassen. Doch Düfte zu empfinden ist etwas sehr Individuelles. Was für den einen rosig riecht, empfindet ein anderer als stechend. Auf Grund dieser Überlegungen erfolgt die Auflistung nach dem Alphabet. Den Anspruch einer vollständigen Auflistung aller derzeit bekannten Duftpelargonien kann und will die folgende Liste nicht erheben. Bei den botanischen Wildarten wird die Zugehörigkeit nach Sektion angegeben, da man daraus auf Wuchsform und auch Bedingungen zur optimalen Kultur Schlüsse ziehen kann.

Duftpelargonien im Porträt

P. abrotanifolium (Lig.): botanische Wildform mit Laub, das in Form und Duft an die Eberraute erinnert; braucht durchlässiges Substrat, nicht zu viel gießen, wird ca. 50 cm hoch.

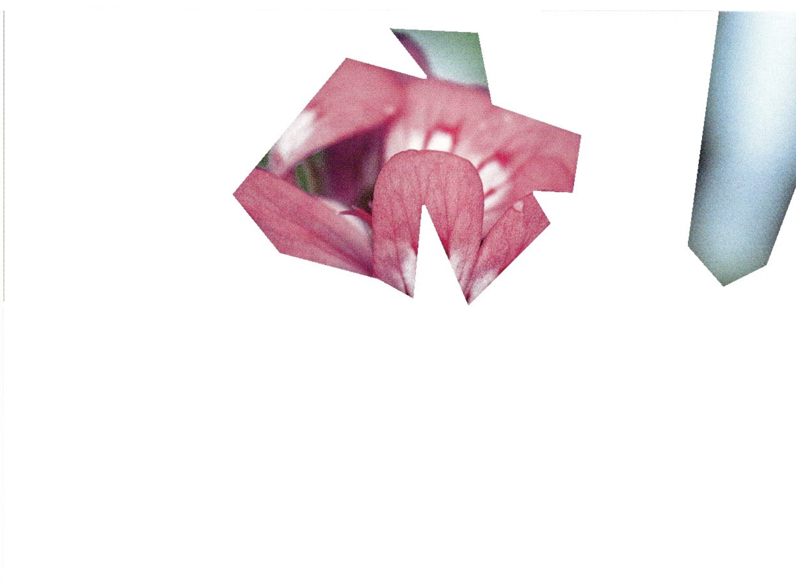

Pelargonium 'Attar of Roses'

P. album (Cort.): botanische Wildform, in Duft und Wuchs ähnlich *P. x odoratissimum*, Duft nach Apfel und Pfefferminze; wird 30 cm hoch, Blüten klein, weiß.

P. x andersonii: eine der Duftpelargonien, die identisch sein dürfte mit 'Endsleigh' oder in Amerika 'Skelton's Unique'; Blätter mit dunklem Ring, Blüten malvenfarbig mit purpurfarbenen Malen; Duft nach Rosen und Zitronen.

Botanische Wildformen:

Sektionen:
Cort. = Cortusina
Hoarea
Jenk. = Jenkinsonia
Lig. = Ligularia
Pel. = Pelargonium
Per. = Peristera

P. antidysentericum (Jenk.): botanische Art nur für Liebhaber; wird bis zu 150 cm hoch, sehr sparrig und holzig mit kleinen, aromatischen Blättern; Blüten winzig, bildet große Wurzelknollen.

P. appendiculatum (Hoarea): botanische Art für Liebhaber; das karottenähnliche, behaarte Laub riecht irgendwie aromatisch.

P. 'Apple Mint': erinnert im Wuchs an *P. odoratisismum*, wird aber größer und hat dicke, mehr geäderte Blätter mit einem Duft nach Apfel und Minze.

Pelargonium blandfordianum

P. x asperum: vermutlich eine Hybride von *P. graveolens, P. quercifolium* und *radens*, höher wachsend bis 70 cm; Blüten klein, zart rosa; Rosenduft.

P. 'Atomic Snowflake': Die Blätter zeigen eine Herkunft von *P. capitatum*, sind grün mit goldfarbigen Rändern. Blüten unscheinbar rosa, Duft nach Rose und Limonen.

P. 'Attar of Roses': Diese Pelargonie, eine *P. capitatum*-Hybride, die man schon seit dem Jahr 1800 kennt, wächst kompakt (ca. 60 cm hoch) und hat etwas größere rosa Blüten. Intensiver Rosenduft.

P. 'Aurore's Unique': sehr große, gezahnte Blätter, Blüten rot mit schwarzer Zeichnung; wird bis 60 cm hoch und die Blätter riechen zart nach Minze. Vermutlich das erste Mal 1820 beschrieben.

P. betulinum (Pel.): eine empfehlenswerte Wildart mit birkenähnlichen, kleinen Blättern und im Verhältnis dazu großen dunkelrosa Blüten; können ca. 80 cm hoch werden, Blätter riechen kampferähnlich.

► *Pelargonium 'Brunswick'*

P. x blandfordianum: gezüchtet 1805 vom Marquis of Blandford, erinnert die Blattform noch an *P. graveolens;* wächst sparrig bis zu 1 m, die grauen, tief eingeschnittenen Blätter riechen nach Wermut, kleine weiße Blüten mit roten Saftmalen.

Pelargonium 'Citronella'

P. *'Bolero':* eine sogenannte „Hybrid Unique", das heißt, eine Weiterentwicklung der Unique-Pelargonien aus Amerika; große, gezahnte Blätter mit eher zartem Duft, aber wie bei allen Hybrid-Uniques, großen beeindruckenden Blüten in magentarot mit schwarzen Saftmalen.

P. 'Both's Snowflake': Gezüchtet von dem Australier Ted Both, hat diese Art Blätter, die an *P. graveolens* erinnern, weich behaart und weiß gesprenkelt sind und nach Rose und Zitrone duften.

P. 'Brilliant', auch 'Californian Brilliant': mittelgroßer Wuchs, behaarte, nierenförmige Blätter, deren Duft moschusähnlich und intensiv ist; Blüte kirschrot mit dunklen Saftmalen.

P. 'Brunswick': 1986 tauchte diese Pelargonie, die von Mrs. Popperwell, einer eifrigen Pelargonienzüchterin, stammt, das erstemal in Gärtnereien auf. Sie hat für Duftpelargonien auffallend große, magentarosa Blüten mit intensiven Saftmalen und große, süß duftende, dunkelgrüne, eingeschnittene Blätter.

P. *capitatum (Pel.):* eine der drei Arten, die zur Gewinnung des ätherischen Öles angebaut werden; wächst strauchartig bis über 1 m hoch mit samtweichen, herzförmigen Blättern, die tief eingeschnitten sind und nach Rosen duften. Die Blüten sind rosa und eher unauffällig.

P. 'Carefree': eine Hybrid-Unique, runde Blätter mit 3 Lappen und einem Hauch von Rosenduft; Blüten attraktiv dunkelrosa.

P. 'Catford Belle': eine der älteren Angel-Formen, bei der die Herkunft von *P. crispum* am zarten Duft der Blätter noch deutlich ist.

P. *chamaedryfolium (Per.):* eine sehr kurzlebige, eher einjährige Spezies, kriechender Wuchs, nett in Ampeln; kleine, süß riechende Blätter, würzige, rosa Blüten mit dunklen Saftmalen.

P. *'Chocolate Peppermint':* „Chocolate" steht für das schokoladebraune Herz der eichenlaubförmigen Blätter. Der Duft der Blätter ist minzig, der Wuchs der Pflanzen bis 70 cm hoch.

P. 'Cinnamon': Möglicherweise identisch mit *P. 'Limoneum'*, ist dies eine aufrecht wachsende, ca. 60 cm hoch werdende Pflanze mit eher kleinen, nur zart duftenden Blättern („Limoneum“ steht für „nach Limonen duftend“), die Blüten sind typische „Angel-Blüten“, rosa mit dunklen Saftmalen auf den beiden oberen Blütenblättern.

P. 'Citronella': Unter diesem Namen oder als *P. x citriodorum* kursieren einige nur gering unterschiedliche Pflanzen, bei denen manchmal durch raue Blätter eher die Herkunft von *P. scabrum* erkennbar ist, bei anderen, die etwas weichere Blätter haben, schlägt *P. citronellum* mehr durch. Sammlern ist anzuraten, sich an Ort und Stelle in einer Gärtnerei zu entscheiden, ob man diese Pelargonie in die Sammlung aufnehmen will. Aus Katalogbeschreibungen geht selten hervor, welche Pflanzen gemeint sind.

P. citronellum (Pel.): Dies ist die botanische Art mit wirklich reinem Zitronenduft, großen, eingeschnittenen, rau behaarten Blättern, hohem Wuchs bis 1 m und reizenden, rosa Blüten mit Saftmalen.

P. x citrosum: Unter diesem Namen werden ebenfalls sehr unterschiedliche Pflanzen verkauft, denen gemeinsam ist, dass ihre zitronenduftenden, kleinen Blätter die Herkunft von *P. crispum* deutlich machen.

P. 'Clorinda': eine Pelargonie, die 2 m hoch werden kann, wenn man sie durch Schnitt nicht unter Kontrolle hält. Große, dreilappige, etwas behaarte Blätter mit einem Duft, den manche als Wermut-, andere als Eukalyptus- und wieder andere als Zedernholz-ähnlich beschreiben – ein eher herber Duft; die Blüten sind groß und altrosa mit zarten Saftmalen.

P. 'Concolor Lace': Schon wieder eine Pelargonie, die unter verschiedenen Namen auftaucht! P. 'Shottesham's Pet' oder P. 'Filbert' sind vermutlich identisch mit 'Concolor Lace'. Wächst bis 50 cm, hat dunkelgrüne Blätter.

P. 'Copthorne': Diese Züchtung von Mrs. Popperwell ist eine sehr empfehlenswerte Kreuzung von *P. quercifolium* mit einer englischen Pelargonie, wodurch eine der großblütigsten Duftpelargonien entstand. Die bis 20 cm brei-

Pelargonium 'Clorinda'

Pelargonium crispum

ten, herzförmigen Blätter sind tief eingeschnitten und duften angenehm. Die Blüten sind, wie schon erwähnt, sehr groß, rosa mit purpurnen Saftmalen auf den oberen Blütenblättern. Bei passender Überwinterung blüht sie das ganze Jahr.

P. 'Creamy Nutmeg': eine der *P. x fragrans*-Arten mit grün-elfenbein panaschierten Blättern, die recht attraktiv sind; der Duft ist für manche verschieden von *P. x fragrans* und riecht nur entfernt nach Muskat.

P. crispum (Pel.): Spezies, die als kleiner Strauch bis 70 cm hoch wächst und an deutlich holzigen Stängeln eher kleine (5–10 mm), gelappte, aber stark nach Zitrone duftende Blätter hat und im Verhältnis zu diesen eher große, typische rosa Blüten trägt. Von *P. crispum* gibt es jede Menge Züchtungen, die, wenn sie eigene Namen haben, hier unter diesen beschrieben werden.

P. crispum 'Variegatum': wird auch unter dem Namen P. 'Prince Rupert' angeboten.

Pelargonium 'Copthorne'

Die cremeweiß-grün panaschierten Blätter sind äußerst reizvoll.

P. *denticulatum* (Pel.): eine botanische Art, die strauchig und über 1 m hoch wächst und fein geteilte, gezahnte Blätter hat. Den Duft zu charakterisieren ist nicht einfach. Was auf englisch als „strongly aromatic" bezeichnet wird, findet man mancherorts als „Pinienduft" beschrieben. Eine Assoziation zu Nadelhölzern mag vorhanden sein. Die Blüten sind nicht allzu groß und typisch rosa mit Saftmalen.

P. *desertorum* (Lig.): Diese von Piet Vorster als erstem beschriebene Wildform stammt aus den trockensten Gebieten Namibias und kann daher als sukkulent bezeichnet werden. Die Blätter sind angenehm aromatisch. Berücksichtigt man das Epithet „desertorum" – zur Wüste gehörig – und gießt das ganze Jahr hindurch äußerst sparsam, sind die Pflanzen problemlos zu kultivieren.

P. *dichondrifolium* (Cort.): Als „somewhat aromatic" wird diese reizende Wildform beschrieben. Sie ist mit *P. odoratissimum* verwandt, was sich in den samtigen, kleinen Blättern und dem kriechenden Wuchs zeigt. Sie wird oft unter dem Synonym *P. reliquifolium* angeboten und wächst wunderschön in Ampeln.

P. 'Endsleigh': Unter *P. x andersonii* wurde bereits angedeutet, dass es sich vermutlich um dieselben Pflanzen handelt. Es gibt aber, laut Richard Clifton, in englischen Gärtnereien unter diesem Namen auch unterschiedliche Pflanzen. Der Sammler hat also nur die Möglichkeit, an Ort und Stelle zu testen, ob dies so ist.

P. *englerianum* (Pel.): Diese botanische Wildform wächst strauchartig bis 1 m hoch, hat Blätter mit einem „rose-camphor" Duft, also ein bisschen süß und ein bisschen scharf.

***Pelargonium crispum* 'Variegatum'**

Pelargonium denticulatum

Die Blüten sind eher unauffällig. Aus einem Grund zeigt sich aber gerade anhand dieser Pelargonie, wie falsche Bezeichnungen entstehen können. Die handschriftliche Schreibweise in England, die sich von der unseren stark unterscheidet, führte dazu, dass „englerianum" auf einem Etikett in Deutschland als „Eng. Levianum" gelesen wurde, und so heißt diese Pflanze noch immer. Daneben wird aber auch *P. englerianum* als eigene Art angeboten.

P. exstipulatum (Lig.): eine botanische Wildform, die recht holzig bis zu einem halben Meter hoch wachsen kann. Sie hat kleine, graugrüne, samtig behaarte Blättchen, die irgendwie nadelholzartig mit einer Erinnerung an Minze riechen. Es ist wirklich schwer, in unserem Sprachgebrauch Düfte zu beschreiben.

P. 'Fair Helen', auch 'Fair Ellen': eine „alte" Kulturform (erstmals 1800 beschrieben) einer *P. quercifolium*-Hybride mit intensiv riechenden Blättern, die in England als „balsam-scented" bezeichnet werden, also irgendwie aromatisch riechen. Diese Pelargonie ist aber vor allem wegen ihrer reizenden Blüten mit Saftmalen wert, in eine Sammlung aufgenommen zu werden.

P. x filicifolium: Unter diesem Namen tauchen verschiedene Formen von Hybriden aus *P. glutinosum* und *P. denticulatum* auf. Sie können ganz unterschiedlich aussehen und auch riechen.

P. x fragrans: eine Primärhybride von *P. exstipulatum* und *P. odoratissimum*, die seit 1800 bekannt ist. Sie wächst buschig bis höchstens 40 cm und eignet sich mit ihrem Wuchs sehr gut zur Bepflanzung von Ampeln. Die kleinen, samtig behaarten Blättchen sind „nutmeg-scented" und erinnern tatsächlich im Geruch ein wenig an Muskat. Die Blüten sind filigran, weiß mit winzigen Saftmalen.

Pelargonium x filicifolium

Pelargonium x fragrans

P. 'Frensham': eine hochwachsende Pflanze mit für eine *P. crispum*-Hybride relativ großen Blättern, jedoch mit dem charakteristischen Aussehen und einem Duft, der fast an Zitronenlutschbonbons erinnert.

P. 'Fruity': möglicherweise eine Hybride von *P. odoratissimum* und *P. x fragrans*. Die Blättchen riechen nicht wirklich fruchtig, sondern eher nach Nadelhölzern mit einem Hauch Minze.

P. 'Galway Star': Endlich eine Duftpelargonie, die klar und deutlich zu beschreiben ist! Von Mrs. Helen Bowie als Ergebnis einer Kreuzung von *P. crispum* und *P.* 'Mabel Grey' gezüchtet, entstand eine reizende, panaschierte, noch immer stark an *P. crispum* erinnernde Pflanze mit intensivem Zitronenduft. Leichter zu kultivieren als *P. crispum* 'Variegatum'.

P. glutinosum (Pel.): eine der botanischen Formen, die meist schon am Wildstandort in hybridisierten Formen vorkommen. Die synonyme Bezeichnung *P. viscosum* führte dazu, dass eine Fülle von Arten, die von *P. glutinosum* stammen, als *P. x viscosissimum* angeboten werden. *P. glutinosum* wächst strauchartig und hat fast klebrige, streng aromatische Blätter und nicht sehr auffällige Blüten.

Pelargonium 'Galway Star'

P. 'Godfreys Pride': vermutlich identisch mit *P.* 'Ocean Wave'. Jedenfalls ist es eine Hybride von *P. tomentosum* mit sehr großen, gelappten Blättern, die aber nicht so samtig sind wie die der Stammform. Der Duft ist minzig.

P. graveolens (Pel.): Die Wildform, die Stammmutter so vieler Duftpelargonien ist, kommt auch in Südafrika in vielen variablen Formen vor. Es gibt *P. graveolens*-Typen mit samtig behaarten Blättern und Minzeduft und wieder andere mit eher rauen Blättern und rosigem Duft, meist mit einem Hauch von Zitrone. Die Pflanzen, die von Gärtnern angeboten werden, sind sehr einheitlich in der Form und im Duft, da sie nur vegetativ, also über Stecklinge, vermehrt werden. Diese bewurzeln übrigens sehr leicht. *P. graveolens* wächst strauchartig weit über 1 m hoch. Wenn man sie in große Töpfe setzt oder im Wintergarten auspflanzt, kann sie

Pelargonium graveolens

auch in Kultur richtig strauchartig wachsen. Manchmal sehr blühfaul, hat die botanische Art nur sehr kleine rosa Blüten. *P. graveolens* ist die wichtigste Art der Pelargonien zur Gewinnung des ätherischen Öles.

P. grossularioides (Per.): eine nicht sehr langlebige Wildform mit kriechendem Wuchs und stachelbeerähnlichen Blättern (grossula = lat. Stachelbeere). Sie wird oft als „coconut-scented" bezeichnet. Mag sein, dass Mitteleuropäer diesen Geruch nicht kennen, jedenfalls riechen die Blätter irgendwie süß aromatisch. Die Blüten sind winzig, aber entzückend altrosa.

P. hispidum (Pel.): Als eine der auch im Topf am höchsten wachsenden Arten, kann sie weit über 2 m hoch werden. Die rau behaarten Blätter sind fünflappig und wohlriechend. Die Blüten sind im Vergleich zu dem imposanten Wuchs nicht sehr groß und typisch rosa mit Saftmalen, erscheinen aber in attraktiven Blütenständen.

P. 'Islington Peppermint': Diana Hull, eine der hervorragendsten Pelargonienkennerinnen und -züchterinnen, schuf mit dieser Pelargonie eine chromosomal gesehen nicht möglich erscheinende Kreuzung aus *P. tomentosum* und *P. tricolor.* Dadurch entstand eine eher schwachwüchsige Pflanze mit Miniatur-*tomentosum*- Blättern sowie deren Duft. Kleine, aber sehr eindrucksvolle Blüten, die wie bei *P. tricolor* an Stiefmütterchen erinnern.

P. 'Jessel's Unique': vermutlich identisch mit P. 'Mrs. Kingsbury'. Angenehm riechende dreigeteilte, gekrauste Blätter, deren Duft nur als „aromatisch" zu bezeichnen ist. Die Blüten sind nicht allzu groß, dunkelrosa mit Saftmalen an den oberen Blütenblättern.

P. 'Joy Lucille': eine Hybride, die vermutlich 1940 in England entstand. Eltern sind vermutlich *P. graveolens* und *P. tomentosum*, woher auch der minzige Duft stammt. Die Blüten sind rosa und unauffällig.

P. 'Lady Mary': entstand um die Jahrhundertwende. Die Blätter und der aufrechte, kleinstrauchige Wuchs erinnern an ihre *P. crispum*-Herkunft. Im Unterschied zu dieser ist der Duft der Blätter allerdings eher würzig, vielleicht ein bisschen wie Muskat. Die Blüten sind relativ groß, sehr dekorativ, blasslila und die oberen Blütenblätter mit dunklen Saftmalen gesprenkelt.

P. 'Lady Plymouth': vermutlich das erste Mal 1805 mit einer Zeichnung als *„Geranium capitatum variegatum"* dargestellt. Die Blätter stammen mit ihrer eingeschnittenen Form aber sicher von *P. graveolens*. Die Pflanze ist mit ihren grün-weiß panaschierten Blättern sehr attraktiv, der Duft ist ein zimtiger Rosenduft. Die Blüten sind eher unauffällig klein.

P. 'Lady Scarborough': wird über 90 cm hoch und wächst sparrig, wenn man sie nicht durch Schnittmaßnahmen kompakt hält. Die dunkelgrünen Blätter sind gelappt und riechen etwas nach Erdbeeren. Die Blüten sind mittelgroß, rosa mit Saftmalen.

P. 'Lemon Fancy': Mrs. Helen Bowie kreuzte 1972 P. 'Prince of Orange' und P. 'Mabel Grey'. Daraus entstand eine Pflanze mit bis zu 80 cm hohem Wuchs und Blättern, die sehr intensiv nach Zitrone riechen. Sie sind rau in der Struktur, gelappt und gezähnt. Die Blüten sind relativ groß und rosa mit Saftmalen.

P. 'Lilac Gem': Bei den fleischigen Blättern der Peltaten-Hybriden denkt man kaum an Duft, obwohl die Wildform *P. peltatum* deutlich duftende Blätter hat, wenn man sie reibt, und dieser Duft auch noch bei etlichen Kulturformen wahrnehmbar ist. Am deutlichsten aber ist er bei P. 'Lilac Gem', die wirklich ein „Gem" (englisch = Edelstein, Prachtstück) ist. Sehr kompakt wachsend, mit dunklen Blättern und zwar einfachen, aber netten porzellanrosa Blüten. Ihr Duft erfüllt auch ohne Reiben die nähere Umgebung der Pflanzen. Zu beschrieben ist er schwer – irgendwie streng hat er einen leichten Anklang an Muskat.

P. 'Lillian Pottinger': eine Kreuzung von *P. odoratissimum* und *P. x fragrans* mit stark eingeschnittenen, dekorativen *P. x fragrans*-Blättern, aber eher Apfelduft. Richard Clifton bezeichnet ihn als „Apfelkuchen mit Zimt"-Duft. Die Blüten sind winzig und weiß.

P. *'Limoneum':* eine alte Kulturform, die 1810 gezüchtet wurde. Aufrecht wachsende Pflanze mit rundlichen, kleinen Blättern, die nach Zitrone riechen. Wenn sie trockener und in voller Sonne gehalten wird, duften die Blätter mehr nach Rosen, mit einem Nachgeruch von Zitrone. Hellpurpurne Blüten.

P. 'Little Gem': eine nette, kleinwüchsige *P. graveolens*-Art mit stark gezahnten Blättern, die würzig nach Rosen duften. Auf Grund ihres schwachen Wuchses ist sie besonders gut für Zimmerkultur geeignet. Sehr blühwillig.

P. 'Mabel Grey': entstand als Zufallssämling in Kenia im Haus des englischen Gouverneurs und wurde nach seiner Schwiegermutter, der Countess Mabel de Grey, benannt. Sicher eine Kreuzung von *P. citronellum* und *P. scabrum* mit rauen, stark gezahnten Blättern, die intensiv nach

Pelargonium odoratissimum

Zitronenschalen duften. Aufrechter Wuchs bis 90 cm, nette, mittelgroße, rosa Blüten mit zarten Saftmalen.

P. 'Madam Nonin': eine Unique-Pelargonie mit tief eingeschnittenen, gelappten Blättern, die süß duften. Typisch hoher Unique-Wuchs; Blüten dunkelrosa, zum Zentrum hin heller werdend.

P. 'More's Victory': wird meist fälschlich 'Moore's Victory' geschrieben. Sie ist aber das Ergebnis der Züchtung von Mr. More, der 1823 diese Pflanze als seinen Sieg, eben „Victory" ansah. Gehört zu den Uniques. Blätter riechen nach „turpentine", erinnern also irgendwie an Nadelhölzer. Die Blüten sind groß und lachsmagentarot.

P. 'Ocean Wave': ein Zufallssämling aus Amerika, ziemlich ähnlich P. 'Godfrey's Pride'. Sehr große Blätter, die an *P. tomentosum* in Form und Duft erinnern, aber rauer sind.

P. odoratissimum (Cort.): die botanische Wildform mit wunderbar apfelduftenden Blättern. Sie sind rund, samtig und fast klebrig. Die Blüten sind zwar winzig und weiß, hängen aber wie ein Spitzenschleier herab.

P. 'Old Spice': eine *P. x fragrans*-Form, die auch oft als P. 'Nutmeg' angeboten wird. Das Sortenmerkmal ist nicht augenscheinlich.

► ***Pelargonium 'Paton's Unique'***

Pelargonium panduriforme

Pelargonium papilionaceum

P. panduriforme (Pel.): unterscheidet sich nicht allzu sehr von *P. quercifolium,* höchstens für Sammler botanischer Arten interessant. Die Blätter riechen melissenähnlich.

P. papilionaceum (Pel.): Diese botanische Wildform wächst strauchartig und braucht sehr viel Platz. Sie ist jedoch eine so interessante Pelargonie, dass man ihr diesen schaffen sollte. „Papilio" heißt lateinisch Schmetterling und die im Verhältnis zu den sehr großen Blättern winzigen rosa Blüten mit tiefpurpurnen Saftmalen an den oberen Blütenblättern tanzen wirklich wie Schmetterlinge über den Blättern. Den Geruch der Blätter beschreibt vielleicht ihr südafrikanischer Name „Rambossie" („ram" heißt auf Englisch und Afrikaans Schafbock) am besten. Es wird berichtet, dass die Blätter als Tabakersatz geraucht wurden. Aus persönlicher Erfahrung sei aber vor solchen Versuchen gewarnt.

P. 'Paton's Unique': ein „Sport" (eine selbst entstandene Mutation) von *P.* 'Madam Nonin' mit sehr attraktiven, altrosa und weiß überhauchten Blüten. Für eine Unique wird sie recht hoch.

P. 'Peach Cream': eine panaschierte Form von *P. crispum*, mit netten kleinen Blättchen mit goldenen Rändern und Ecken. Ob der Duft tatsächlich an „peach", also Pfirsich, erinnert, sei dahingestellt, er ist allerdings fruchtiger als jener der Stammform.

P. 'Peacock': ein Sämling aus Amerika, der von *P. graveolens* abstammt und wahrscheinlich identisch mit P. 'Both's Snowflake' ist. Duftet nach Limonen und Rosen.

P. 'Phyllis's Variegated': eine attraktiv panaschierte Form von P. 'Paton's Unique', die von der englischen Züchterin Jan Taylor stammt.

P. 'Pink Champagne': eine Kreuzung aus einer Edelpelargonie und P. 'Torento', wodurch sehr große rote Blüten entstanden. Die Blätter duften angeblich nach Ingwer.

P. 'Polka': eine Hybrid-Unique mit zart nach Rosen duftenden, großen Blättern. Die Blüten sind zweifarbig lachsrosa mit dunklem Auge.

P. 'Pretty Polly': eine *P. graveolens*-Art, die 1825 erstmals auftauchte, verloren schien, aber seit einigen Jahren wieder angeboten wird. Kompakter Wuchs, die Blätter haben ein dunkles Zentrum und riechen mandelartig. Die Blüten sind attraktiv rosa.

P. 'Prince of Orange': 1820 gezüchtet und – damals scheinen Pflanzen schneller bekannt geworden zu sein, als jetzt – 1829 in einem österreichischen Gartenbuch beschrieben, ist dies derzeit eine der populärsten Duftpelargonien. *P. crispum* ist als ein Elternteil zwar noch erkennbar, die Blätter sind aber viel größer und auch nicht so gekraust. Nur mit viel Fantasie riechen sie nach Orangen. Die Blüten der aufrecht bis 50 cm hoch wachsenden Pflanze sind sehr attraktiv, groß, zartrosa mit Saftmalen.

P. 'Purple Unique': fast 1 m hoch wachsend, dunkelgrüne,

Pelargonium 'Prince of Orange'

Pelargonium quercifolium

Pelargonium 'Rollison's Unique'

weich behaarte Blätter mit süßem Wermutduft. Blüten purpur-lila mit dunklem Auge.

P. 'Queen of Lemons': eine weitere sehr beliebte Duftpelargonie. Die von *P. crispum* stammenden Blätter sind rundlich und riechen schwer definierbar. Aufrechter Wuchs bis 50 cm, rosa Blüten mit Saftmalen auf den oberen Blütenblättern.

P. quercifolium (Pel.): ist die botanische Wildform, die Stammform von vielen Primärhybriden und Duftpelargonien. Die Blätter („quercus" = lat. Eiche) erinnern tatsächlich manchmal an Eichenlaub, weshalb in England alle Pelargonien aus dieser Gruppe als „Oak-leaf"-Pelargonien bezeichnet werden.

Die Wildform wächst strauchartig bis fast 2 m hoch und hat rau behaarte Blätter mit einem intensiven Duft, der schwer zu beschreiben ist. In einem englischen Katalog fand sich einmal die Beschreibung „like shoe-polish". Da man heutzutage kaum mehr solche Schuhpasten verwendet, kann man höchstens sagen, der Duft sei irgendwie streng. Die rosa Blüten sind recht nett mit Saftmalen versehen.

P. radens (Pel.): Die „raspelblättrige“ Spezies ist eine der Arten, die rosenduftendes „Geraniumöl“ liefert und sicher auch als eine der Stammformen für viele Duftpelargonien gelten kann. Sie wächst strauchartig und hoch, manchmal wird sie sehr sparrig. Die interessante Blattform und der Rosenduft der Blätter lohnt die Kultur. Die Blüten sind eher klein und unauffällig.

P. ribifolium (Pel.): eine Wildform, die auch bis 2 m hoch wachsen kann. Ihre Blätter riechen irgendwie zitronig, sind tief gelappt und rau behaart. Die kleinen Blüten sind weiß mit zarten Saftmalen.

P. 'Rober's Lemon Rose': Die Blattform dieser bis 60 cm hoch wachsenden Pelargonie ist auffällig und unterscheidet

Pelargonium radens

Pelargonium 'Royal Oak'

sich stark von allen anderen Arten. Die aus Amerika stammende Pflanze hat unregelmäßig gelappte, behaarte, dicke Blätter, die nach Rosen mit einem Hauch von Zitrone riechen, der je nach Standort – sonnig oder schattig – sehr variieren kann. Die Blüten sind eher unauffällig.

<u>P. 'Rollison's Unique':</u> 1835 von William Rollison aus *P. quercifolium*-Arten gezüchtet, hat sie eine für Uniques typische, hellmagentarote Blüte und aromatische Blätter. Peter Abbott, Autor eines Buchs über Duftpelargonien, meint „spicy mint", womit er wohl eine süß-würzige Minze anspricht.

<u>P. 'Royal Oak':</u> eine der populärsten „Oak-leaf"-Pelargonien, deren erste Beschreibung bereits 1800 zu finden war. Sie hat sehr attraktive dunkelgrüne, eben eichenlaubähnliche Blätter mit dunklem Herz. Der Duft ist ähnlich dem von *P. quercifolium*. Die Engländer retten sich bei Duftbeschreibungen oft mit dem Begriff „pungent", also stark riechend, wenn sie keine besseren Beschreibungen finden. Die Blüten sind relativ groß und rosa mit sehr

► ***Pelargonium 'Sweet Miriam'***

Pelargonium 'Scarlet Pet'

attraktiven Saftmalen auf den oberen Blütenblättern.

P. scabrum (Pel): „Scaber" (lat. = rau) bezieht sich auf die sehr rauen Blätter und Stängel dieser Wildart. Die dreilappigen, grob gezähnten Blätter der bis 2 m hoch wachsenden Pflanze duften ausgesprochen nach Zitronenschale. Die Blüten sind nicht sehr auffällig, klein, rosa, mit zarten Saftmalen.

P. 'Scarlet Pet': Peter Abbott meint, dass P. 'Scarlet Pet' und P. 'More's Victory' identisch sind. Mag sein, bekannter ist sie bei uns jedenfalls unter dem ersteren Namen. Beschreibung siehe unter P. 'More's Victory'.

P. 'Scarlet Unique': Nicht verwechseln mit P. 'Scarlet Pet'. Diese Unique hat P. *graveolens*-ähnliche, tief dunkelgrüne Blätter und tatsächlich scharlachrote, sehr große Blüten. Der Duft ist „pungent", also irgendwie stark. Die Pflanze kann recht hoch wachsen.

P. 'Shrubland Pet': 1852 zum ersten Mal in einer englischen Gartenzeitung beschrieben, dürfte diese Pelargonie P. *quercifolium*- Eltern haben, was sich in der Blattform zeigt. Sehr wüchsig, bis 1 m hoch. Die Blätter sind eher hellgrün und zart aromatisch. Mittelgroße karmesinrote Blüten.

Pelargonium tomentosum

P. sidoides (Cort.): eine sehr interessante Pelargonie mit süß-aromatischen, weich behaarten, silbrigen Blättern, die aus einer Rosette wachsen. Besonders attraktiv sind die kleinen, schwarzen Blüten. Die Anzucht aus Samen oder Stecklingen ist relativ einfach, ebenso die Kultur, wenn sie ganzjährig viel Licht hat und wenig gegossen wird.

P. 'Snowy Nutmeg': Die Beschreibung kann kurz gehalten werden – eine nett panaschierte Form von P. x *fragrans*.

P. stipulaceum (Lig.): für Freunde botanischer Wildformen zur Kultur zu empfehlen. Die Art wächst niedrig aus einer Blattrosette, hat sukkulente Stängel und Blätter, deren Duft entfernt an Äpfel erinnert. Die Blüten sind einfach und gelb. Die Kultur ist nicht ganz einfach, diese Art braucht ganzjährig viel Licht und darf nur wenig gegossen werden.

P. 'Sweet Miriam': Meist wird sie als P. 'Sweet Mimosa' angeboten, was aber laut Faye Brawner, einer amerikanischen Pelargonienexpertin, nicht richtig ist. Die 1984 in Amerika entstandene Pelargonie ist äußerst dekorativ. Sie hat dunkelgrüne, dreilappige Blätter, die schwer zu beschreiben, aber irgendwie süß duften und dazu sehr große, porzellanrosafarbene Blüten mit netten Saftmalen. Eine so attraktive Pelargonie, und noch dazu mit diesem Namen, muss wohl die Lieblingspelargonie der Autorin sein …

P. tomentosum (Pel.): eine Wildform mit samtig weichen, dunkelgrünen, dreilappigen Blättern. Die Wuchsform ist eher niederliegend, weshalb sie in Hanging Baskets besonders gut zur Geltung kommt. Diese sollte man aber nicht zu hoch hängen, denn wann immer man bei dieser Pelargonie vorbei kommt, verspürt man das Verlangen, ihre samtigen Blätter zu streicheln, was

Pelargonium 'Wayward Angel'

dazu führt, dass sich ihr Minzenduft entfaltet. Die Blüten sind zierlich, klein und weiß. Die Pflanze schätzt Halbschatten und dankt regelmäßiges Gießen.

P. 'Torento': wächst halbhoch bis 60 cm. Die kleinen runden Blätter riechen beim Reiben möglicherweise nach Ingwer. Die Blüten sind relativ groß und zartlila.

P. vitifolium (Pel.): eine Wildform, die strauchig bis über 2 m hoch wachsen kann. Die dreilappigen Blätter riechen nach Melisse, die Blüten sind eher unscheinbar.

P. 'Voodoo': eine Hybrid-Unique mit gelappten Blättern, die aromatisch riechen, und großen, faszinierenden Blüten: samtig dunkelrot mit schwarzer Mitte.

P. 'Wayward Angel': Diese Pelargonie ist eine der Angel-Züchtungen von Jan Taylor aus dem Jahr 1977, bei denen das Erbe der *P. crispum*-Eltern, nämlich ein zarter Duft der Blätter, erhalten geblieben ist. Die Blüten sind typisch für diese Gruppe und haben Saftmale auf den oberen Blütenblättern.

P. 'White Unique': Ebenfalls eine sehr alte Kulturform – 1852 erstmals erwähnt – hat sie rundliche, nicht allzu intensiv aromatische Blätter, aber sehr schöne, weiße Blüten mit ganz zarten Saftmalen.

► ***Pelargonium 'White Unique'***

Pelargonium 'Voodoo'

Kultur der Duftpelargonien

Mit Zuneigung, aber auch guter Erde, richtiger Düngung und Fingerspitzengefühl für das Gießen wachsen wunderbare Duftpflanzen.

Durch richtige Pflege können schon im Vorfeld Krankheiten und Schädlinge vermieden werden. Um den Duftpelargonien eine neue Heimat schaffen zu können, muss man auch wissen, wie man sie überwintert.

Das richtige Substrat

Jeder Pflanzenfreund schwört auf seine spezielle Erdmischung, und so ist das auch unter den Pelargonienliebhabern. Pelargonien sind eigentlich sehr anpassungsfähig, mit Ausnahme der Wildformen, die ja je nach ihrem Standort spezielle Ansprüche stellen.

Wichtig ist, dass das Substrat durchlässig ist, damit nach dem Gießen wieder Luft an die Wurzeln gelangen kann. Andererseits muss es aber Wasser und auch Nährstoffe speichern können.

Pelargonien mögen mittelschwere Erde, das heißt, ein Gemisch aus lockeren, humushaltigen und festen, lehmhaltigen Bestandteilen.

Selbstgemischte Erde hat sich am besten bewährt. Dazu mischt man 3 Teile Lehm (Gartenerde), 1 Teil Sand und 1 Teil Humus (Kompost).

Hat man keine Möglichkeit, die Mischung selbst herzustellen, muss man Handelserde kaufen. Es gibt sogenannte „Geranienerde“ zu kaufen, man sollte aber dennoch überprüfen, ob sie nicht zu torfhaltig ist. Torf hat keine gute Wasserführung, das heißt, er hält das Substrat entweder zu trocken oder zu nass. Fragen Sie nach sogenannter „Einheitserde“ mit mindestens 30 % Tonanteil.

Die richtige Düngung

Kulturpelargonien, bei denen man Wert auf reichen Blütenflor legt, muss man natürlich regelmäßig und ausreichend düngen. Bei den Duftpelargonien ist solch intensives Düngen nicht notwendig, schon gar nicht bei den duftenden Wildarten.

Es ist sinnvoll, dem Substrat eine Vorratsdüngung, entweder in Form von Hornspänen oder Düngepellets beizugeben. Mit der Nachdüngung kann man dann später beginnen.

Manche Pelargonienfreunde schwören auf organischen Dünger in Form von Hornmehl, Knochen- und Blutmehl. Sie sollten besser in gleicher Mischung verwendet werden, um das richtige Stickstoff-Phosphor-Kali-Verhältnis zu gewährleisten.

Im Handel gibt es verschiedene sogenannte „Biodünger“, denen gemeinsam ist, dass die Düngestoffe nur langsam frei werden. Die üblichen mineralischen Volldünger enthalten wasserlösliche Düngesalze, die der Pflanze sofort zur Verfügung stehen. Es ist also wichtig, richtig zu dosieren, um Überdüngung zu vermeiden.

Als Grundregel kann man vielleicht sagen, je größer und strauchartiger die Duftpelargonien, desto häufiger muss man sie natürlich düngen.

Die richtige Bewässerung

Was über die Düngung gesagt wurde, gilt natürlich auch für die Bewässerung. Je größer die Pflanzen, desto häufiger muss man sie gießen. Doch die Häufigkeit und Intensität der Bewässerung hängt auch von vielen anderen Faktoren ab.

Besonders Pelargonien in Balkonkästen, die durch Wind und Sonne austrocknen, müssen, vor allem im Sommer, regelmäßig gegossen werden. Je größer die Pflanzgefäße, in denen sie stehen, desto geringer die Gefahr, dass sie verdursten.

Eine Grundregel zum Gießen

Pelargonien gehen eher durch zu viel als durch zu wenig Gießen zu Grunde.

Richtig welken sollten die Pflanzen aber nicht, da sonst mit Blattschäden und Blattfall zu rechnen ist. Gelbe Blätter können jedoch sowohl Trockenheit als auch zu viel Feuchtigkeit anzeigen.

Krankheiten und Schädlinge

Bei guter Kulturführung kann man sagen, dass Pelargonien, vor allem Duftpelargonien, verhältnismäßig selten von Schadinsekten oder Krankheiten befallen werden.

Pflegefehler

Staunässe, Überdüngung und zu kalte Temperaturen können zu Blattschäden führen, die sich in welkem, vergilbendem Laub zeigen.

Tierische Schädlinge

Am häufigsten findet man die **Weiße Fliege**, die Mottenschildlaus, die vor allem Edelpelargonien aber auch Duftpelargonien liebt. Die beste Methode, sie zu bekämpfen, ist mit Hilfe von Nützlingen.

Die Erzwespe *(Encarsia formosa)* legt ihre Eier in die Larven der Weißen Fliege, was zu deren Tod führt. Solche Nützlinge sind in gut sortierten Gartengeschäften bereits erhältlich und einfach anzuwenden, indem man Kärtchen mit Puppen von *Encarsia* auf befallene Pflanzen auflegt. Eine Alternative sind Gelbtafeln. Sie locken die Weiße Fliege an, die dann auf ihnen kleben bleibt. Läuse treten meist in Form von **Wollläusen** auf, die am besten durch regelmäßiges Behandeln mit Pyrethrum-Präparaten bekämpft werden können.

Pilzerkrankungen

Die häufigste unter ihnen ist der **Grauschimmelpilz,** der vor allem bei schlecht belüfteten Überwinterungsquartieren auftritt. Damit ist auch schon die Bekämpfung genannt: viel Lüften, Pflanzen nicht zu dicht stellen,

Bakterielle Erkrankung: Pelargonienwelke

Pilzerkrankung: Grauschimmel

Schädling: Weiße Fliege

Schnitt erfolgt 3 bis 4 Knoten über den verholzten, braunen Stängeln.

◄ Verschiedene Teile der Pflanze können als Stecklinge verwendet werden: Stecklinge von der Spitze (Kopfstecklinge), Stängelstecklinge und Seitentriebe.

nur morgens gießen und befallene Blätter sofort entfernen. Wenn nötig, auch zurückschneiden.

Versuchsweise wäre auch eine Behandlung mit ätherischen Ölen in der Form von Spritzungen mit Geranien- und Teebaumöl anzuraten.

Der deutsche Biologe Dietrich Gümbel hat in seinem Buch „Aromatische Pflanzenpflege“ gute Anhaltspunkte dazu gegeben. Ähnliches gilt für den **Rost**, der in erster Linie Zonale-Hybriden befällt.

Bakterielle Erkrankungen
Die Pelargonienwelke zeigt sich in punktförmigen, hellen Stellen, die rasch größer werden und schwarzbraune Blattflecken bilden. Die Blätter vergilben und welken, die letzte Phase zeigt sich in schwarzer Trockenfäule am Stängelgrund. Diese Erkrankung, gegen die es als einzige Maßnahme nur das Entfernen von Pflanzen samt Erde gibt, ist bei Zonale- und Peltaten-Hybriden leider sehr häufig. Man sollte darauf achten, gesunde Pflanzen zu kaufen.

Pflanzenschnitt

Viele Pelargonien neigen zum Verholzen und machen daher Schnittmaßnahmen nötig, um dafür zu sorgen, dass sie ständig neu aus- und durchtreiben. Allerdings ist das Wuchsverhalten der einzelnen Pelargonienarten und -sorten unterschiedlich. Nicht alle Duftpelargonien wachsen gleich üppig. Langsam wachsende Arten wie *P. tomentosum* sollte man nicht so streng zurückschneiden wie die wüchsigen Formen aus der *P. graveolens*-Gruppe. Wichtig für gutes Wachstum ist es, ganzjährig immer wieder zu pinzieren, d.h. die obersten Triebspitzen auszubrechen. Sie können als Stecklinge zur Vermehrung oder, bei Duftpelargonien, auch zum Würzen verwendet werden.

Je nach Möglichkeiten, die zur Überwinterung zur Verfügung stehen, empfiehlt sich für Pelargonien, die gerne verholzen, ein Rückschnitt vor dem Winter sowie ein radikaler Rückschnitt nach der Überwinterung im Februar bis März. Dabei schneidet man immer 3–4 Knoten über den verholzten Stellen ab. Nicht in die verholzten, braunen Stängel hineinschneiden, da die Pelargonien dort nur schwer austreiben können.

Vermehrung

Pelargonien kann man durch Aussaat oder durch Stecklinge vermehren. Was zur Aussaat der botanischen Wildformen gesagt wurde, gilt im Prinzip auch für Duftpelargonien, vor allem für selbst geerntete Samen. In der Natur oder im Glashaus werden Pelargonien von Insekten oder vom Wind bestäubt. Dabei können Kreuzungen entstehen, die interessante, neue Duftpelargonientypen bringen. Sollten Sie jemals den Ehrgeiz entwickeln, selbst züchte-

Stecklingsvermehrung

1. Stecklinge mit den Fingern abzwicken.
2. Zum Anwurzeln eignen sich Stecklingsplatten.

risch tätig zu werden, müssen sie mit einem feinen Pinsel den reifen Pollen einer Vaterpflanze auf die Narbe einer Mutterpflanze übertragen und diese dann mit einem Plastiksäckchen vor möglichen Bestäubungen durch Insekten schützen. Kauft man Samen im Handel, sind sie meist vorbehandelt und können wie üblich angebaut werden.

Häufiger ist die Vermehrung über Stecklinge. Dieser Form der vegetativen Vermehrung bedarf es vor allem zur sortenechten Vermehrung von Pelargonienhybriden, um deren besondere Eigenschaften zu erhalten. Bei den meisten Pelargonien ist es ziemlich einfach, sie durch Stecklinge zu vermehren. Schwierig ist es nur bei bestimmten Wildformen. Meistens wird empfohlen, Stecklinge zu schneiden. Sie sollten mindestens ein voll ausgebildetes Blattpaar besitzen und nicht länger als 7–10 cm sein. Der Schnitt wird mit einem möglichst desinfizierten Messer knapp (ca. 2 cm) unterhalb eines Blattpaares durchgeführt. Die unteren Blätter müssen sanft weggebrochen werden. Blühende Triebe eignen sich nicht gut zur Stecklingsvermehrung, die Blüten müssen auf jeden Fall ausgebrochen werden. Besser ist es, den Steckling mit Daumen und Zeigefinger am Blattansatz abzuknipsen. Erfahrungsgemäß bewurzeln solche Stecklinge viel schneller. Das Substrat zur Stecklingsbewurzelung muss sehr durchlässig sein: 2 Teile Torfmull und 1 Teil Sand sind optimal. Sogar reiner Sand oder Tongranulat sind möglich. Je kleiner die Behälter, desto schneller bewurzeln die Stecklinge. Stecklingsplatten sind daher sehr zu empfehlen, ansonsten sollte man möglichst kleine Töpfe wählen. Nach dem Bewurzeln setzt man die Pelargonien in das passende Substrat.

Überwinterung

Ein Glashaus oder ein Wintergarten, der auf Minimaltemperaturen von 7 °C gehalten wird, wäre optimal, um Pelargonien zu überwintern. Unter solchen Bedingungen blühen die Pelargonien den ganzen Winter hindurch und es ist ein wundervolles Erlebnis, wenn man inmitten von Pelargonienduft und Blütenpracht durch die Glasscheiben eine Schneelandschaft betrachten kann. Nicht jeder kann seinen Pelargonien solche Luxusquartiere bieten, doch sollte man möglichst helle, kühle, auf jeden Fall frostfreie Räume zur Überwinterung verwenden. Helle Treppenhäuser, Garagen mit genügend Licht, aber auch helle Kellerräume sind gute Winterquartiere. Hat man nur warme Wohnräume zur Überwinterung zur Verfügung, gibt es dennoch eine Möglichkeit: Man bewurzelt im Oktober noch Stecklinge, die auf einer warmen, hellen Fensterbank überwintern können. Gießen sollte man während der Überwinterung maßvoll und mit „Fingerspitzengefühl“. Damit ist gemeint, dass man mit dem Finger testet und erst gießt, wenn die oberen Schichten trocken sind.

Gestalten mit Pelargonien

Sowohl die aufrecht wachsenden Zonale-Hybriden, als auch die hängenden Peltaten sind traditionelle Pflanzen in den Fensterkästen. Duftpelargonien könnten dabei eine Bereicherung sein, wenn man sie zwischen die üblichen Pelargonien pflanzt. Empfehlenswert sind Fensterkästen mit Wasservorrat, den man

Duftpelargonien rund um die Terrasse

ganz einfach selber schaffen kann, indem man den Boden des Fensterkastens mit Tonkügelchen füllt, darüber ein Wurzelvlies gibt und dann erst die Pflanzerde einfüllt. Da die Duftpelargonien so vielfältige Formen aufweisen, eignen sie sich auch für unterschiedlichste Gestaltung. Viele Duftpelargonien, vor allem *P. graveolens* und *capitatum*-Hybriden, können in größeren Behältern als Kübelpflanzen gezogen werden. Hängende Formen, wie *P. odoratissimum, P. tomentosum* oder *P. x fragrans*, sind in Ampeln oder Hanging Baskets sehr wirkungsvoll. Kleinwüchsige Arten lassen sich in Schalen sehr attraktiv gemeinsam arrangieren. Und noch ein Tipp: Botanische Wildformen, die aus ariden Gegenden stammen und sehr schwachwüchsig sind, wie *P. cotyledonis* oder *P. xerophyton*, können in Schalen auch als Bonsais kultiviert werden.

Besonders wirkungsvoll kommen diese Pflanzen und ihre Düfte zur Geltung, wenn man sie rund um eine Terrasse platziert. Dazu kann man sie samt Töpfen in die Erde versenken oder auch auspflanzen, was ihrem Wachstum sehr förderlich ist. Im Herbst werden sie wieder ausgegraben, zurückgeschnitten und zum Überwintern eingetopft. In viktorianischen Zeiten pflegte man Duftpelargonien auf beiden Seiten einer Stiege aufzustellen. Die Krinolinen der Damen streiften sie dann beim Vorübergehen, und das erfüllte die Stiege mit Duft. Da es heute solche Reifröcke nicht mehr gibt, müssen wir den Duft freisetzen, indem wir beim Vorbeigehen die Blätter mit den Händen berühren.

► ***P. incrassatum*, eine wunderschöne Wildform aus Südafrika, lässt sich bei optimalen Bedingungen auch im Topf kultivieren.**

Attraktive Pflanzgefäße können Duftpelargonien zu einem Augenschmaus machen.

Verwendung von Duftpelargonien

Pelargonien sind nicht nur reizvolle Zierpflanzen, ihre Inhaltsstoffe können auch zu Heilzwecken genutzt werden.

In erster Linie nutzen wir aber den Duft der Pflanzen, der unserer Seele Streicheleinheiten verabreicht.

Pelargonienduft steht für Harmonie und Ausgleich, sowohl für den Körper als auch für die Psyche.

Pelargonien als Heilpflanzen

Pelargonien wurden seit jeher von den eingeborenen Stämmen Südafrikas auch zu Heilzwecken verwendet. *P. betulinum, P. myrrhifolium* und *P. hirtum* enthalten Gerbstoffe und wurden gegen Durchfall und Ruhr verwendet. Die Wurzel von *P. cucullatum* hilft, wenn man sie pulverisiert und mit Wasser zu einem Brei vermischt, bei Hauterkrankungen und Wunden. Von *P. reniforme* verwendet man ebenfalls die Wurzel, zu einem Tee abgekocht, bei Durchfall und Koliken, Menstruationsschmerzen sowie bei Husten und Atemwegsbeschwerden.

Duftpelargonien wie *P. capitatum, radens* oder *graveolens* wurden traditionell gegen Bauchschmerzen, Menstruationsbeschwerden und andere kolikartige Schmerzen eingesetzt. Diese Anwendung, die auch von der weißen Bevölkerung in Südafrika übernommen wurde, kann sicher ohne wissenschaftliche Einwände weitergegeben werden. Aus den frischen oder auch getrockneten Blättern der genannten Pelargonien kann man einen Tee zubereiten, der nicht nur wohlschmeckend ist, sondern auch bei diversen Schmerzen krampflösend wirken kann.

Duftpelargonien entfalten bei der leisesten Berührung wahre Genüsse für unsere Nasen. Sie wirken auch hauptsächlich über diesen Duft.

Gegen Tuberkulose

Umckaloabo (P. sidoides)

Neuerdings wurde auch hierzulande „Umckaloabo" bekannt und ist mittlerweile wissenschaftlich gut untersucht. Der Name stammt aus der Zulu-Sprache und ist mit „schwerer Husten" zu übersetzen. Die Entdeckung der in Südafrika sehr populären „Umckaloabo"-Droge als erfolgsversprechende Heilpflanze gegen Tuberkulose geht auf einen englischen Major zurück. Er verdankte seine Heilung von Tuberkulose der Behandlung eines Medizinmannes mit dem Absud aus der Wurzel einer Pelargonie, der P. sidoides. Der Major führte den Tee auch in England ein. In Deutschland gibt es nun ein fertiges Arzneimittel mit dem Namen „Umckaloabo", das bei akuten, aber vor allem chronischen Atemwegsbeschwerden auf Grund seiner immunanregenden und antibakteriellen Wirkung sehr empfohlen werden kann.

Wie wirken Düfte

Eine intensive Erforschung des Geruchssinnes erfolgt erst seit einigen Jahrzehnten. Dadurch konnte erklärt werden, dass etwas so Selbstverständliches wie Riechen für die Psyche des Menschen äußerst wesentlich ist. Düfte nehmen wir über die Riechschleimhaut wahr, die zwar gering an Fläche ist – jeweils 1 cm^2 auf beiden Seiten im oberen Teil der Nase – aber mit 15 Millionen Riech- und Nervenzellen ein äußerst sensibles Organ. Jede Nervenzelle verfügt über 6–8 Flimmerhärchen, die als Fühler dienen und auf jedes in der Luft vorhandene Duftmolekül in Form eines biochemischen

Signals reagieren. Von der Nervenzelle wird dann die „Duftinformation“ an das limbische System weitergeleitet, das ringförmig um den Hirnstamm angeordnet ist und dem man besondere Bedeutung im Bereich der Emotionen, Assoziationen, des Bewusstseins und Gedächtnisses bzw. der Sprache zuspricht. Duftreize können Stimmungen auslösen bevor unser Großhirn „begreift, was passiert.“ Diese Erkenntnisse werden heute in der sogenannten „Aromatherapie“, die ätherische Öle verwendet, genützt. Aromatherapie versteht sich als eine ganzheitliche Therapieform, die nicht nur den kranken Körper, sondern auch die Seele behandelt.

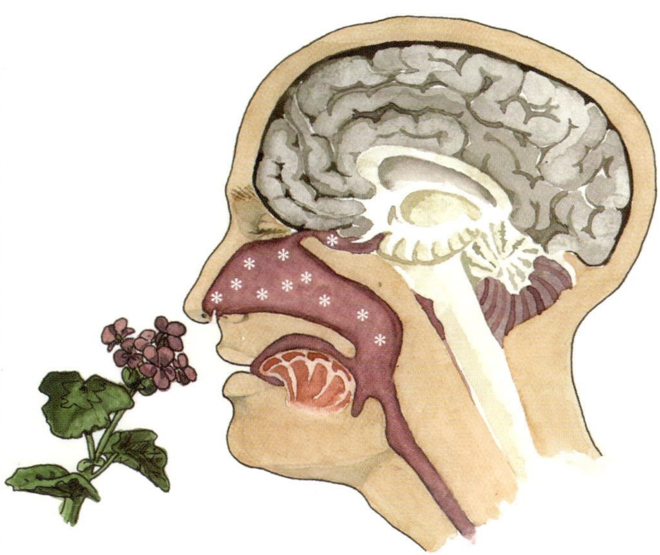

Geraniumöl

Unter dem falschen Namen „Geraniumöl“ kommt das ätherische Öl der Arten *Pelargonium graveolens, capitatum* oder *radens* in den Handel. In Nordafrika, auf Madagaskar, Brasilien und der Insel Reunión werden dafür Duftpelargonien großflächig angebaut. Durch Wasserdampfdestillation wird ein klares, grünlich bis bräunliches ätherisches Öl aus ihnen gewonnen, das zunächst „grasiggrün“, nach sorgfältiger Lagerung fein rosenartig riecht. Aus 80 kg Pelargonienblättern gewinnt man etwa 1 Liter ätherisches Öl. Der Hauptanteil der Geraniumölproduktion dient der Kosmetik und Nahrungsmittelindustrie.

Die Erforschung der Zusammensetzung der ätherischen Öle der blattduftenden Pelargonien ist das Spezialgebiet einer englischen Biochemikerin an der Southbank University in London, Dr. Maria Lis-Balchin.

Die chemischen Bausteine des üblichen „Geraniumöles" sind Citronellal, Geraniol, und Linalool und somit fast dieselben, wie die des Rosenöles.

In der Aromatherapie ist das Geraniumöl ein wichtiges Mittel. Ähnlich wie das Rosenöl wirkt es harmonisierend, ausgleichend. Es wird daher bei nervöser Anspannung, Ängstlichkeit und depressiven Verstimmungen eingesetzt.

Geraniumöl schafft zum Beispiel in Schulklassen und Großraumbüros eine frische, harmonisierende Atmosphäre. In Japan soll es angeblich bei Geschäftsverhandlungen eingesetzt werden, um den Geschäftspartner in die richtige Stimmung zum Unterschreiben wichtiger Verträge zu bringen.

Geraniumöl ist auch eines der wichtigsten Hautpflegeöle. Da es ausgleichend wirkt, kann man es sowohl bei trockener als auch bei fetter Haut in Cremes oder in Mandelöl verwenden.

Blatt der P. tomentosum

Das besondere Rezept

Pelargonienparfum

In 10 ml Jojobaöl gibt man folgende ätherischen Öle:
5 Tropfen Rosenholz
5 Tropfen Sandelholz
10 Tropfen Geranium
2 Tropfen Koriander
5 Tropfen Citronella

In ein dunkles Fläschchen abfüllen, 2 Wochen geschlossen „reifen" lassen, immer wieder schütteln. Dieses Parfüm tupft man, wie gewohnt, hinter die Ohren und auf das Handgelenk.

In der Aromatherapie setzt man Geraniumöl bei Neuralgien, Gürtelrose und Hautkrankheiten wie Schuppenflechte und Neurodermitis ein.

Aromatherapie mit Pelargonien

Eine harmonisierende und ausgleichende Wirkung auf die Seele hat schon das bloße Streicheln über die Duftpelargonien oder zartes Reiben der Blätter.

Einen weiteren Genuss dabei liefern die unterschiedlichen Blattstrukturen. Die nach Zitronenschalen duftende *P. scabrum* fühlt sich fast borstig an, *P. x fragrans* oder *P. odoratissimum* haben samtige Blätter, und den größten Genuss liefert das Streicheln der weichen, filzigen Blätter von *P. tomentosum*, die eine englische Autorin romantisch als „thick like a fairy blanket", „weich wie ein Feenbettchen", beschrieb.

Auswahl aus dem Duftspektrum:

Auch wenn es schwierig ist, den Duft der Pelargonien eindeutig zuzuordnen, sei hier ein Versuch unternommen, die Duftpelargonien nach ihrem Duft zu ordnen:

Rose:

P. x andersonii
P. x asperum
P. 'Atomic Snowflake'
P. 'Attar of Roses'
P. 'Both's Snowflake'
P. capitatum
P. 'Carefree'
P. graveolens
P. 'Lady Plymouth'
P. 'Little Gem'
P. 'Peacock'
P. radens
P. 'Rober's Lemon Rose'

Zitroniger Duft:

P. 'Catford Belle'
P. 'Cinnamon'
P. 'Citronella'
P. citronellum
P. x citrosum
P. crispum
P. crispum 'Variegatum'
P. 'Frensham'
P. 'Galway Star'
P. 'Lemon Fancy'
P. 'Limoneum'
P. 'Mabel Grey'
P. panduriforme
P. 'Prince of Orange'
P. 'Queen of Lemons'
P. scabrum
P. vitifolium
P. 'Wayward Angel'

Minze:

P. album
P. 'Apple Mint'
P. 'Aurore's Unique'
P. 'Chocolate Peppermint'
P. 'Godfrey's Pride'
P. 'Islington Peppermint'
P. 'Joy Lucille'
P. 'Ocean Wave'
P. tomentosum

Apfel:

P. album
P. 'Apple Mint'
P. 'Lillian Pottinger'
P. odoratissimum

Muskat:

P. 'Creamy Nutmeg'
P. x fragrans
P. 'Snowy Nutmeg'

Pelargonienrezepte

Genießen Sie den Rosenduft eines Pelargonienbiskuits oder ein Brathähnchen mit zitronigem Pelargonienduft und versuchen Sie sich gar an einem selbst hergestellten Schönheitsmittel.

Ihre Wohnumgebung kann durch den Duft eines liebevoll arrangierten Potpourris mit Pelargonienblättern zu einer harmonisierenden Oase werden.

Kochen mit Pelargonien

Aus England, dem Land, in dem die Duftpelargonien seit langer Zeit sehr beliebt sind, stammen diverse Rezepte mit Pelargonienblättern. Man kann dafür sowohl frische als auch getrocknete Blätter verwenden:
Das Würzen mit Pelargonienblättern muss der Kreativität und dem Wagemut der jeweiligen Köchinnen und Köche überlassen bleiben. Grundsätzlich kann man sagen, dass zitronenduftende Pelargonienblätter überall dort zum Würzen verwendet werden können, wo ein zitroniger Duft wünschenswert ist, wie z.B. in Salaten, Dressings, Fisch und Fischsuppen, Einmachhuhn und zitronigen Nachspeisen wie Parfaits.

Die Blätter von *P. graveolens* und anderen rosenduftenden Pelargonien können exotischen Fleischgerichten eine besondere Note verleihen, aber auch in Einmachsuppen delikat schmecken. In erster Linie passen der Duft und das Aroma in Süßspeisen wie Biskuit.

Die apfelduftenden Blätter von *P. odoratissimum* können überraschende Duftnoten in alle Gerichte, die mit Apfelwein zubereitet werden, bringen. Sie sind aber vor allem für Kuchen, besonders für Apfelkuchen, geeignet.
P. x fragrans eignet sich mit seinem Muskatduft für alle Gerichte, die auch sonst mit Muskat gewürzt werden, z.B. Kartoffelauflauf, Suppen, Gemüsegerichte.

Die minzenduftenden Blätter von *P. tomentosum* und verschiedenen anderen kann man wiederum überall dort verwenden, wo erfrischende, minzige Düfte gewünscht werden, wie in Joghurt-Dressings, Gurkensalat oder in glasierten Karotten. Selbstverständlich beduften sie auch Apfelgelee oder diverse erfrischende Speisen wie Fruchtsalat.

Pelargonienessig:
Frische Blätter von *P. scabrum* und *P. odoratissimum* mit Apfelessig übergießen. In einem verschließbaren Glas 2 Wochen an einem dunklen Ort ausziehen lassen, abfiltern und in Flaschen füllen.

Fisch in Apfelwein:
Eine feuerfeste Form mit Butter fetten, Fischfilets (z.B. Kabeljau oder Goldbarsch) lagenweise mit Apfelscheiben von möglichst sauren Äpfeln und Blättern von *P. odoratissimum* in die Form schichten. Salzen, pfeffern und Apfelwein darüber gießen. Im Backrohr bei mittlerer Hitze ca. 20 Minuten backen.

Überbackener Fisch:
Wie im vorhergehenden Rezept werden in eine eingeölte feuerfeste Form Fischfilets eingeschichtet. Allerdings gibt man zwischen die Filets Tomatenscheiben, Zwiebelringe und Blätter von *P. citronellum* oder *P.* 'Mabel Grey'. Mit Weißwein übergießen und im Rohr 20 Minuten backen.

Eingemachtes Huhn:
Suppenhuhn weich kochen. Butter schmelzen, wenig Mehl darin anschwitzen und mit Hühnerbrühe aufgießen, Obers beigeben und aufkochen lassen. Daneben Champignons in Butter andünsten. In die Sauce zerkleinerte Hühnerstücke, Champignons und feingehackte Blätter von *P. x fragrans* und *P.* 'Mabel Grey' geben und mitziehen lassen.

Brathähnchen pikant:
Ein Huhn wie üblich bratfertig machen, salzen, pfeffern

und innen mit zitronenduftenden Pelargonienblättern, z.B. *P. citronellum*, füllen. Wie üblich braten, vor dem Servieren die Pelargonienblätter entfernen.

Süßspeisen

Den Duft der Pelargonien kann man in unterschiedlicher Weise für Süß-Speisen nutzen. Staubzucker bekommt einen rosigen Duft, wenn man einige Zeit frische *P. graveolens*-Blätter darin ziehen lässt.

Pelargonienbiskuit:
6 Eidotter mit 160 g Staubzucker schaumig rühren, 120 g Mehl dazugeben und den steifen Schnee der 6 Eiklar vorsichtig darunter ziehen. Ein Backblech einfetten, Blätter von *P. graveolens* oder *P.* 'Attar of Roses' darauf verteilen, den Biskuitteig darüber gießen und backen. Mit Orangenmarmelade füllen. Die eingebackenen Blätter sehen attraktiv aus und das Biskuit duftet wunderbar nach Rosen.

Gebratene Äpfel:
Äpfel ausstechen, füllen mit einer Mischung aus feingehackten *P. radens*-Blättern, Rosinen und Kokosnussraspeln. Obenauf ein Pelargonienblatt legen, im Backrohr braten und mit geschlagenem Obers servieren.

Apfelgelee:
1 ½ l Saft von sauren Äpfeln, 2 kg Zucker, 5 g Zitronensäure und 1 Flasche flüssiges Geliermittel. Apfelsaft mit

Zucker und Zitronensäure unter Rühren erhitzen, Geliermittel dazugeben und noch einmal aufwallen lassen. Je nach gewünschtem Geschmack ganze Blätter von *P. tomentosum*, *P. radens* oder *P. odoratissimum* unterziehen und samt diesen noch heiß in Gläser füllen.

Kompott mit Pelargonienduft:
Läuterzucker herstellen; 10 bis 12 *P. graveolens*-Blätter mit einem Viertelliter kaltem Wasser und 100 g Zucker langsam erhitzen und fünf Minuten bei milder Hitze köcheln lassen.

Den aromatischen Sirup abseihen. In Flaschen gefüllt hält er zwei bis drei Wochen und kann für diverse Kompotte verwendet werden.

Getränke

In England aromatisiert man seit jeher Schwarztee mit Pelargonienblättern, die in die Teedosen gelegt werden. Man kann aber die Blätter z.B. von *P. radens* oder *graveolens* auch direkt zur Teezubereitung nutzen. Der Tee wird im Aufguss zubereitet und soll höchstens 5 Minuten ziehen. Damen, die Likör lieben, könnten die Pelargonienblätter auch in 40 % Alkohol ansetzen, 2-3 Wochen ziehen lassen und dann mit Pelargonienläuterzucker verdünnen.

Pelargonien für die Schönheit

Schönheitsbad:
Die einfachste Anwendung ist, entweder frische oder auch getrocknete Blätter von *P. graveolens*, *capitatum* oder *radens* in ein Leinensäckchen zu geben, unter den Wasserhahn der Badewanne zu hängen und das heiße Wasser darüber laufen zu lassen. Dadurch bekommt man ein duftendes und hautpflegendes Bad.

Gesichtskompresse:
Aus oben genannten Pelargonienblättern einen Tee zubereiten, eine Kompresse darin eintauchen, ausdrücken und 20 Minuten auf das Gesicht legen.

Schönheitsessig:
P. graveolens-Blätter in Apfel- oder Weinessig 2 Wochen ausziehen lassen, abfiltern. Diesen Essig kann man als Badezusatz oder zum Spülen der Haare nach der Haarwäsche verwenden. Er hilft besonders bei fettigem Haar und Schuppen.

Zur täglichen Gesichtspflege könnte man Pelargonienblät-

ter in Mandelöl ansetzen und nach 3 Wochen abfiltern. Einfacher ist es jedoch, in diesem Fall in 50 ml Mandelöl 20 Tropfen ätherisches „Rosengeranienöl“ zu geben. Dieses Öl kann statt Creme verwendet werden und ist pflegend.

Pelargoniendufttöpfe

Potpourris sind der Versuch, Düfte von Kräutern und Pflanzen einzufangen und in wohldurchdachten Mischungen zu einem neuen Duft verschmelzen zu lassen. In Töpfen oder Schalen angerichtet, entfalten sie sich dann zu einem wundervollen Raumduft.

Rosenkraut (P. radens) wird in Kärnten dem Bräutigam ins Knopfloch gesteckt.

Rosen-Pelargonien-Potpourri:
1 l duftende Rosenblütenblätter, ½ l *P. radens*-Blätter, ½ Teelöffel Muskatpulver, 2 Essl. Iriswurzelpulver und 10 Tropfen Geraniumöl werden zusammengemischt. In einem verschlossenen Gefäß lässt man den Duft „reifen“. Dann wird die Mischung in Schalen gefüllt und mit getrockneten Rosenknospen dekoriert.

Pelargoniensachet: Darunter versteht man Duftsäckchen, die man in den Kasten legen kann. Füllen Sie ein solches Säckchen mit getrockneten Blättern von zitronenduftenden Pelargonien wie *P.* 'Mabel Grey'. Wenn man die Blätter vorher ein wenig mit Iriswurzelpulver bestäubt, hält der Duft länger. Angeblich hilft das auch gegen Motten.

Pelargonienanekdoten

Eine ganz spezielle Form der Anwendung von Pelargonienblättern findet man seit Generationen in Kärnten, dem südlichsten Bundesland Österreichs, wo in bäuerlicher Tradition eine Form von *P. radens,* die aber nur unter dem Namen „Rosenkraut" bekannt ist, gezogen wird. Diese Pelargonien werden von Mutter zu Tochter weitergegeben und als Blattgrün in den Hochzeitsstrauß oder dem Bräutigam ins Knopfloch gesteckt. Eine Interpretation dieses Brauches in Anbetracht der Erkenntnisse der Duftforschung könnte folgende sein:

In Kärnten gibt es die höchste Rate an unehelich geborenen Kindern, angeblich daher, weil die lustigen Kärntnerinnen schwer „Nein" sagen können. Oder liegt der Sprachfehler eher bei den Männern, die sich mit dem „Ja" zum Heiraten Zeit lassen?

In Kärnten und natürlich auch anderswo könnte der harmonisierende Duft der Pelargonien vielleicht dazu dienen, heiratsfaule Männer endlich dazu zu bringen, mit ihrer Unterschrift die Ehe zu besiegeln.

DIE GESCHICHT

Ein Pelargonienmärchen für kleine und große Kinder

Geran war eine Fee aus der Familie „Flora", die in einem tiefen Tal im kambrischen Gebirge in Wales lebte. Es war eine besondere Familie. Sie betreute Blumen, und jedes einzelne Familienmitglied war für eine spezielle Blume zuständig. Sie pflegten sie sorgsam und sorgten für den richtigen Boden, Licht und Wasser zur richtigen Zeit. Nur Geran hatte nichts zu tun, denn als sie zur Welt kam, waren schon alle Blumen Englands an andere Feen verteilt. Sie war sehr unglücklich, ganz besonders, wenn alle ihre Geschwister aus dem Haus gingen, um sich ihren Blumen zu widmen. Auch ihre Eltern konnten ihr nicht helfen und so schickten sie Geran zum alten Rowan, dem ältesten im Kreis der Pflanzenfeen.

„Warum störst du mich in meinem Schlaf, du Winzlingsfee?", murrte Rowan ungnädig. „Ich bin deine Ururururnichte Geran und habe keine Blume für mich", seufzte die Fee mit Tränen in den Augen. Als der alte Rowan sah, wie ernst es ihr war, dachte er nach. „Hier bei uns weiß ich keine Blume mehr, die du betreu-

DER KLEINEN FEE GERAN

(nach einem Manuskript von Franz Peter Fischer)

en könntest. Aber die Meernixen haben mir von einem fernen Land erzählt, in dem es Blumen gibt, die wir hier gar nicht kennen. Wenn du eine Blume für dich haben willst, wirst du sie dir wohl holen müssen."

Geran erzählte ihren Eltern, dass sie über das Meer fahren müsse. Alle Floras kamen und bedachten die Kleine mit ihren Segenswünschen. Dann machte sie sich auf den Weg. Zum Glück fand sie ein Schiff, auf dem Rosen verfrachtet wurden. Und eines Tages ging das Schiff vor Anker.

Nun können ja Feen bekanntlich auch mit Tieren sprechen, und so erfuhr Geran, dass sie in Afrika sei. Alle waren sich einig, dass sie eine Blume mitnehmen solle so rot wie ihr Kleidchen und führten sie zu einem Platz, wo sie wuchsen. Wohlbehalten kam Geran mit ihnen in England an. Doch leider, obwohl sie ihnen all ihre Liebe angedeihen ließ, sie kümmerten. Eines Tages kam der alte Rowan wieder

vorbei und besah sich das Elend. „Ja, da gibt es nur eines", meinte er, „du musst mit dieser Pflanze zu den Menschen gehen, die haben Gewächshäuser, in denen es immer warm ist, wie die Blume das braucht." So machte sich Geran auf den Weg zum lieben, alten Gärtner Tim. Er gab der Blume aus Afrika den schönsten Platz im Glashaus und sofort begann sie, sich zu recken und zu strecken und ihre roten Blüten zu zeigen. „Was würdest du davon halten, wenn wir diese schöne Blume Geranie nennen, wo du sie doch gebracht hast und versprochen hast, deine Feenhand über sie zu halten", meinte Tim. Geran war ganz gerührt vor Freude.

Die afrikanische Blume wuchs so prächtig, dass alle Menschen, die sie sahen, sie auch bei sich zu Hause haben wollten. Und so zieren diese Pflanzen unsere Fensterbänke, und sie heißen immer noch Geranien, obwohl wir heute wissen, dass sie richtigerweise Pelargonien genannt werden sollten.

Bezugsquellen und Gesellschaften

Alle nachfolgend angegebenen Bezugsquellen haben Pflanzenversand.

Bezugsquelle für winterharte Geranien und Erodien:

SARASTRO, CHRISTIAN KRESS
Ort 131, A-4974 Ort/Innkreis (diese Staudengärtnerei hat ein beeindruckendes Sortiment an Geranien und auch Erodien)
Tel./Fax: +43/(0)7751/8424
e-mail:sarastro.chr.kress@vpn.at

Pelargonienbezugsquellen:

Großbritannien:

THE VERNON GERANIUM NURSERY
Duddington Way, Cheam, Sutton,
GB-Surrey SM2 7JB
Tel.: +44/181 393 7616
Fax: +44/181 786 7437

Deutschland:

STEGMEIER GARTENBAU
Unteres Dorf 7, D-73457 Essingen (hat das größte Angebot an Pelargonien in Mitteleuropa, vor allem botanische Arten und Duftpelargonien)
Tel.: +49/(0)7365/230
Fax: +49/(0)7365/6872

GÄRTNEREI R. WIEDEMANN
Ditzenbacher Straße 22, D-73312 Geislingen/ Steige-Aufhausen
(großes Angebot an Duftpelargonien)
Tel.: +49/(0)7334/5582
Fax: +49/(0)7334/3441

FUCHSIEN & KÜBELPFLANZEN RUDOLF UND KLARA BAUM
Scheffelrain 1, D-71229 Leonberg
(breitgefächertes Angebot, Duftpelargonien und Besonderheiten)
Tel.: +49/(0)7152/27558
Fax: +49/(0)7152/28965

Viele auf Kräuter spezialisierte Gärtnereien haben ein kleines Sortiment an Duftpelargonien:

RARITÄTENGÄRTNEREI FAM. TREML
Eckerstraße 32, D-93471 Arnbruck
Tel.: +49/(0)9945/905100
Fax: +49/(0)9945/905101
e-mail: raritäten@bnv-regen.de

KRÄUTERZAUBER, DANIEL RÜHLEMANN
Auf dem Berg 166, D-27367 Horstedt
Tel.: +49/(0)4288/928558
Fax: +49/(0)4288/928559
e-mail:info@kraeuterzauber.de

Österreich:

GÄRTNEREI BACH VORMALS HINKER
Contiweg 165, A-1220 Wien(größtes Angebot an Duftpelargonien in Österreich)
Tel./Fax: +43/(0)1/2809534

GÄRTNEREI HARALD LAKONIG
Niederdorf 37, A-9521 Treffen (bietet Pelargonien von Klara Baum aus Deutschland in Österreich an)
Tel.: +43/0664 3422550
Fax: +43/(0)4248/3688

GARTENBAU WAGNER
Gutendorf 36, A-8353 Kapfenstein
(Kräutergärtnerei mit kleinem Duftpelargoniensortiment)
Tel.: +43/(0)3157/2395
Fax: +43/(0)3157/2607
e-mail:h.wagner@styria.com.

Samen:

SILVERHILL SEEDS
South African Seed Specialists, P.O. Box 53108, Kenilworth,
SA-7745 Cape Town, South Africa
Tel.: +27/21 762 4245
Fax: +27/21 797 6609
e-mail:rachel@silverhillseeds.co.za

CHILTERN SEEDS, BORTREE STILE
Ulverston, GB-Cumbria LA12 7PB, England
Tel.: +44/1229 581137
Fax: +44/1229 584549
e-mail:info@chilternseeds.co.uk

Pelargoniengesellschaften:

THE BRITISH & EUROPEAN GERANIUM SOCIETY
„Mandowne", Pickeridge Hill, Corge,
Taunton,
GB-Somerset, TA2 7BY

THE BRITISH PELARGONIUM AND GERANIUM SOCIETY
7, Stour Valley Blass, Upstreet
nr. Canterbury, GB-Kent, CT3 4DB

THE GERANIACEAE GROUP
Membership Secretary:
Ms. Penny Clifton, 9 Waingate Bridge cottages, Haverigg, GB-Cumbria LA1P 4NF

Buchversand der Publikationen der Geraniaceae Group und anderer englischer Bücher über Pelargonien:

RICHARD CLIFTON
7 Crabble Road, Dover, GB-Kent CT 17 OQD.

Die Mitgliedschaft in dieser eigenständigen Gruppe der British Pelargonium and Geranium Society kostet Engl.Pfund 10 pro Jahr. Dafür bekommt man 4 Newsletters und Zugang zu allen Freunden und Wissenschaftlern der gesamten Familie der Geraniengewächse. Im Frühjahr gibt es immer eine Samenliste, erstellt von den Mitgliedern der Gruppe.

Buchtipps

WELLINGER, JOACHIM: **Stegmeier's Pelargonienkunde** 1994 (im Eigenverlag, siehe Bezugsquellen, Stegmeier Gartenbau)

Gärtner-Handbuch: Pelargonien, 1995, Bernhard Thalacker Verlag

GÜMBEL, DIETRICH: **Aromatische Pflanzenpflege im Haus- und Zimmergarten,** Obst- und Gartenbau, 1993, Mosaik-Verlag

KOLODZIEJ, HERBERT UND KAYSER, OLIVER: **Pelargonium sidoides, Neueste Erkenntnisse zum Verständnis des Phytotherapeutikums Umckaloabo,** erschienen in: Zeitschrift für Phytotherapie 3/98, Hipokrates-Verlag

ABBOT, PETER: **A Guide to Scented Geraniaceae,** 1994, Hill Publicity Services

BARRETT, DAVID UND CLIFTON, RICHARD: **Pelargoniums with Scented Leaves,** 1993, zu beziehen über Richard Clifton, siehe Vereine

CLIFTON, RICHARD: **Species Check List, Part 4, Pelargonium,** 1993, zu beziehen über R. Clifton, siehe Vereine

LIS-BALCHIN, MARIA: **Aroma Science, The Chemistry and Bioactivity of Essential Oils,** 1995, Amberwood Publishing

TAYLOR, JAN: **Pelargoniums für Colour und Variety,** 1990, Crowood Press

TAYLOR, JAN: **Geraniums and Pelargoniums, The Complete Guide to Cultivation, Propagation and Exhibition,** Includes Erodiums, Monsonia and Sarcocaulon, 1988, Crowood Press

VORSTER, PIET ED.: **Proceedings of The International Geraniaceae Symposium,** University of Stellenbosch, 1990

WALT, J.J.A. VAN DER: **Pelargoniums of Southern Africa, Volume 1,** 1977, Purnell, Cape Town
Walt, J.J.A. van der; Vorster Piet: Pelargoniums of Southern Africa, Volume 2, 1981, Juta & Co., Cape Town

WALT, J.J.A. VAN DER; VORSTER, PIET: **Pelargoniums of Southern Africa, Volume 3,** 1988, National Botanic Gardens, Kirstenbosch
Alle drei Bände sind eher schwer erhältlich, können aber über Richard Clifton, siehe Vereine, bezogen werden.

YEO, PETER: **Geranium, Freilandgeranien für Garten und Park,**1988, Ulmer

In diesem Buch *werden Hinweise zu naturheilkundlichen Anwendungen gegeben. Die Empfehlungen sind von der Autorin auf Grund wissenschaftlicher Untersuchungen und eigener Erfahrungen mit größter Sorgfalt ausgewählt worden.*

Einen Arztbesuch können und wollen diese Ratschläge auf keinen Fall ersetzen.

Haftung für gesundheitliche Schäden durch unsachgemäße Anwendung von Heilpflanzen kann daher weder von der Autorin noch vom Verlag übernommen werden.

Bildquellen

Kosch: Seiten 15, 35 (oben), 52 (rechts), 57, 78/79, 90 (unten)

Kummert: Seiten 19 (unten), 38 (oben links), 39

Ploberger: Seiten 6/7

Strauß: Seiten 30/31, 42/43, 91

Thinschmidt: Seiten 12/13, 17 (oben)

Ward: Seiten 8/9, 10, 21, 24 (oben), 77

Weinhofer: Seiten 16, 33 (links oben), 35 (unten), 36 (oben Mitte & rechts, Mitte links, unten rechts), 41 (oben links & rechts alle), 44, 51 (rechts), 58 (oben), 61 (oben), 65

Wellinger: Seiten 1 (WH), 2 (WH), 3 (WH), 11, 19 (oben), 24 (unten), 25 (oben & unten), 28 (oben & unten), 29, 32, 33 (links unten & rechts), 34, 36 (oben links, Mitte rechts, unten links), 37, 38 (oben rechts & unten), 40, 41 (links unten), 45, 46, 47, 48 (unten), 49, 50 (oben), 51 (links), 52 (links), 53, 54, 58 (unten), 59, 60, (oben), 61 (unten), 63, 64

Wiegele: Seiten 17 (unten), 18, 26, 56

Wöber: Seiten 48 (oben), 50 (unten), 60 (unten), 62, 66, 67, 68/69, 81, 82, 84/ 85, 87, 88 (oben & unten), 89, 90 (oben)